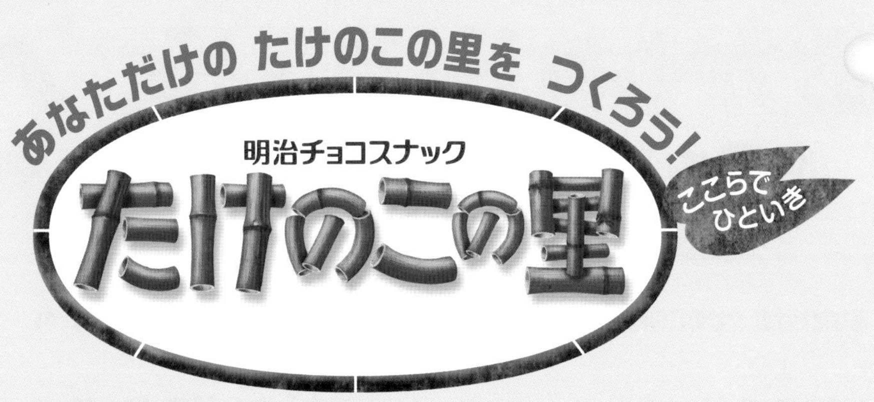
あなただけの たけのこの里を つくろう!
明治チョコスナック
たけのこの里
ここらで
ひといき

おかしなドリル もくじ

小学2年 たし算・ひき算

本誌に記載がある商品は2023年３月時点での商品であり，デザインが変更になったり，販売が終了したりしている場合があります。

1 1年生の ふくしゅう

1年生の計算の復習

名前

1 つぎの 計算を しましょう。

1つ5［50点］

① 2＋3

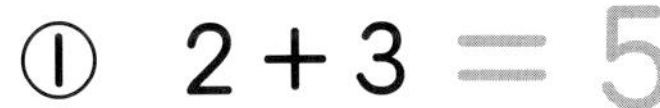

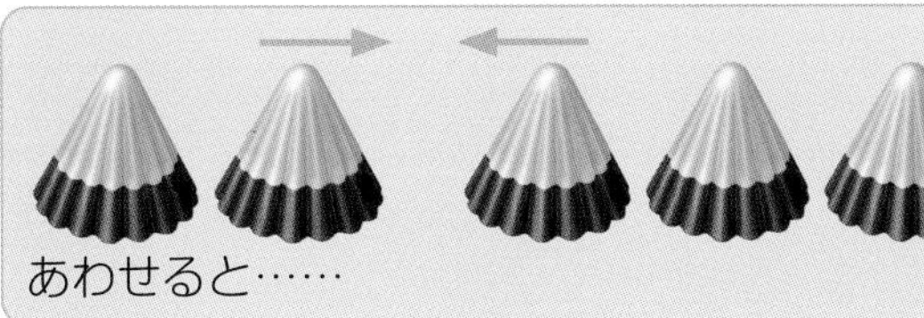
あわせると……

② 3＋4

③ 7＋3

④ 1＋9

⑤ 8＋0

⑥ 6－3

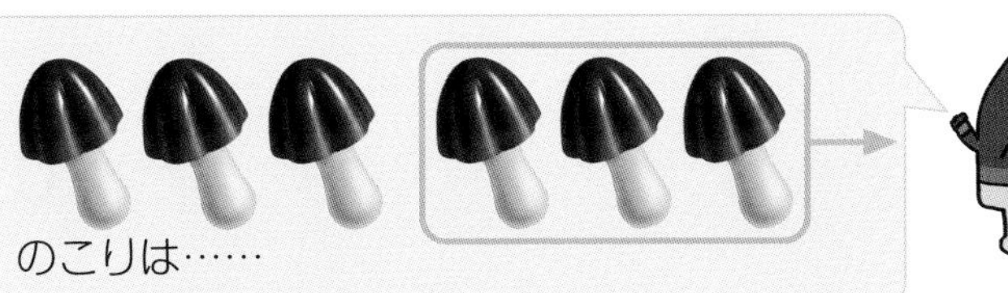
のこりは……

⑦ 7－2

⑧ 10－9

⑨ 6－6

⑩ 2－0

1 1年生の ふくしゅう

2 つぎの 計算(けいさん)を しましょう。 1つ5 [50点(てん)]

① 7＋8 ＝ 15

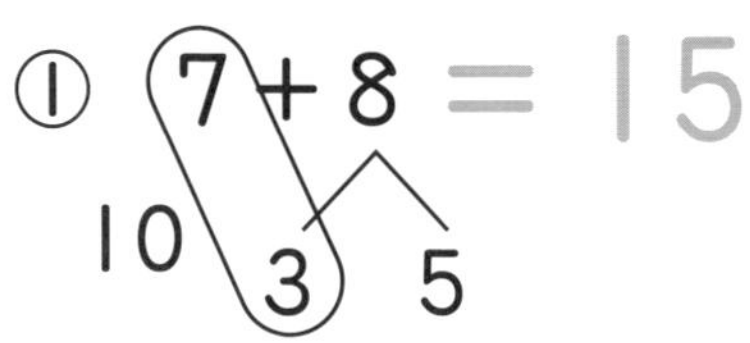

10
3
5

7は，あと 3で 10。
→8を 3と 5に 分(わ)ける。
→7に 3を たして 10。
→10と 5で いくつかな？

② 11－7

10
1
3

11を 10と 1に 分ける。
→10から 7を ひいて 3。
→1と 3で いくつかな？

③ 9＋4

④ 14－5

⑤ 40＋20

⑥ 70＋30

⑦ 31＋8

⑧ 90－40

⑨ 100－60

⑩ 28－7

答え 56ページ

月　　日

点

2 たし算の ひっ算 ①

くり上がりのないたし算の筆算

名前

1 つぎの 計算(けいさん)を しましょう。 ①10，②～⑦1つ7［52点(てん)］

①
```
  13
+ 24
----
  37
```
（計算の答(こた)え）

一のくらいの 計算は 3＋4＝7

十のくらいの 計算は 1＋2＝3

ひっ算の 答えは，一のくらいに 7を 十のくらいに 3を 書(か)けば いいね！

②
```
  57
+ 32
----
```

③
```
  65
+ 14
----
```

④
```
  81
+ 17
----
```

⑤
```
  12
+ 62
----
```

⑥
```
  43
+ 42
----
```

⑦
```
  61
+ 38
----
```

2 たし算の ひっ算 ①

2 つぎの 計算を しましょう。

①，②1つ10，③～⑥1つ7［48点］

十のくらいの
計算は，
これまでと
同じように
7＋1＝8
だね。

① $$\begin{array}{r} 7\ 9 \\ +\ 1\ 0 \\ \hline \end{array}$$

一のくらいに
0が あるよ。
9＋0＝9
だったね。

十のくらいを
4＋0＝4と
考えて，答えの
十のくらいには
4を 書くよ。

② $$\begin{array}{r} 4\ 5 \\ +\ \ \ 3 \\ \hline \end{array}$$

$$\begin{array}{l} \ \ 4\ 5 \\ +\ 3 \\ \hline \end{array}$$ とは
書かないよ。
くらいを たてに
そろえよう。

③ $$\begin{array}{r} 3\ 2 \\ +\ 4\ 0 \\ \hline \end{array}$$

④ $$\begin{array}{r} 9\ 6 \\ +\ \ \ 2 \\ \hline \end{array}$$

⑤ $$\begin{array}{r} 1\ 0 \\ +\ 8\ 7 \\ \hline \end{array}$$

⑥ $$\begin{array}{r} 4 \\ +\ 6\ 0 \\ \hline \end{array}$$

答え 57ページ

月　日　　点

3 たし算の ひっ算 ②

くり上がりのあるたし算の筆算

名前

1 つぎの 計算(けいさん)を しましょう。

①10，②〜⑥1つ8［50点(てん)］

①
```
    1
    3 4
  + 1 7
  -----
    5 1
```

一のくらいの 計算は 4＋7＝11

十のくらいに 1 くり上げるよ。
→くり上げた 1と 3で 4だね。

十のくらいの 計算は 4＋1＝5

②
```
    2 8
  + 4 2
  -----
```

②の 一のくらいの 計算は，8＋2＝10
答(こた)えの 一のくらいに 0を 書(か)いて，
十のくらいに 1 くり上げるよ。

③
```
    6 5
  + 2 8
  -----
```

④
```
    3 1
  + 4 9
  -----
```

⑤
```
    2 7
  + 5 8
  -----
```

⑥
```
    5 6
  + 3 4
  -----
```

3 たし算の ひっ算 ②

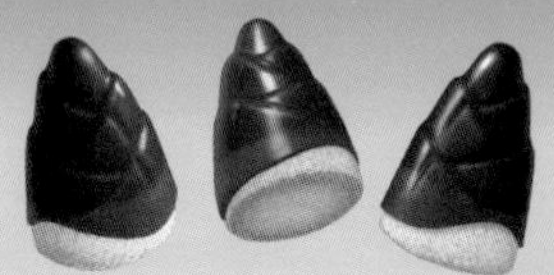

2 つぎの 計算(けいさん)を しましょう。　①8, ②～⑦1つ7 [50点(てん)]

1 一のくらいの
計算は,
6＋8＝14

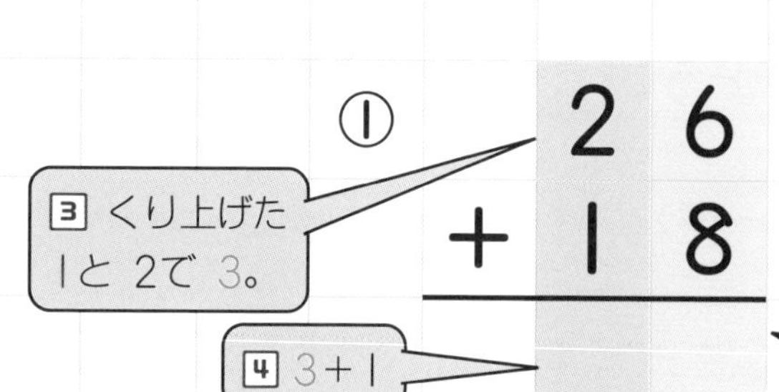

3 くり上げた
1と 2で 3。
4 3＋1

①
$$\begin{array}{r} 26 \\ +\ 18 \\ \hline \end{array}$$

2 一のくらいに
4を 書(か)こう！

②
$$\begin{array}{r} 54 \\ +\ 29 \\ \hline \end{array}$$

③
$$\begin{array}{r} 13 \\ +\ 39 \\ \hline \end{array}$$

④
$$\begin{array}{r} 17 \\ +\ 43 \\ \hline \end{array}$$

⑤
$$\begin{array}{r} 37 \\ +\ 36 \\ \hline \end{array}$$

⑥
$$\begin{array}{r} 49 \\ +\ 28 \\ \hline \end{array}$$

⑦ 45 ＋ 35

自分(じぶん)で ひっ算を
書いてみよう！

答え 58ページ

月　　日　　点

4 たし算の ひっ算 ③

くり上がりのあるたし算の筆算

名前

1 つぎの 計算を しましょう。

①8，②〜⑦1つ7［50点］

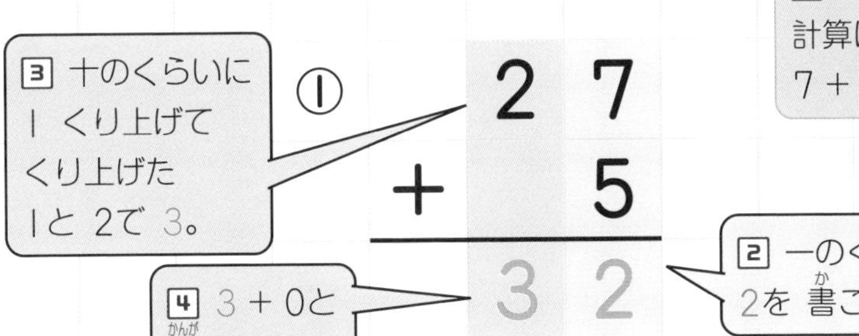

1 一のくらいの
計算は，
7＋5＝12
3 十のくらいに
1 くり上げて
くり上げた
1と 2で 3。
2 一のくらいに
2を 書こう！
4 3＋0と
考えよう。

① 27 ＋ 5 ＝ 32

② 78 ＋ 5

③ 5 ＋ 49

④ 63 ＋ 8

⑤ 7 ＋ 87

⑥ 39 ＋ 8

⑦ 8 ＋ 52

くらいを たてに
そろえて
書いて
一のくらいから
じゅんに
計算しよう。

4 たし算の ひっ算 ③

2 つぎの 計算(けいさん)を しましょう。 ①8, ②〜⑦1つ7 [50点(てん)]

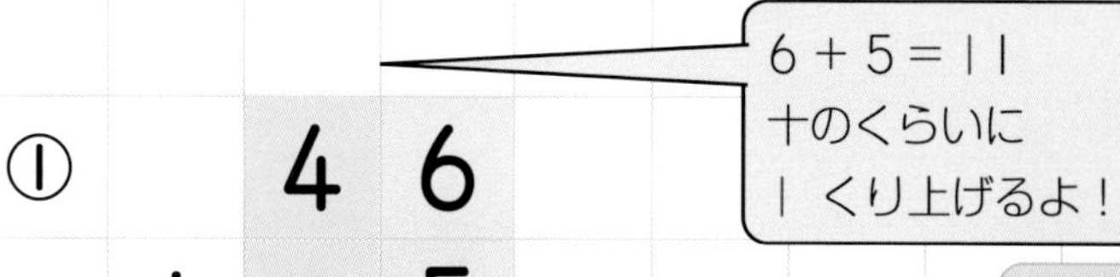

6＋5＝11
十のくらいに
1 くり上げるよ！

①
```
  4 6
+   5
-----
```

十のくらいに くり上げた
1を たしわすれないように
気を つけよう！

②
```
    6
+ 3 4
-----
```

③
```
  7 4
+   8
-----
```

④
```
  6 5
+   7
-----
```

⑤
```
    9
+ 2 5
-----
```

⑥
```
  3 6
+   9
-----
```

⑦ 3 ＋67

自分(じぶん)で ひっ算を
書(か)いてみよう！

答え 59ページ

月　日　　点

チョコっと まめちしき

たけのこの里の
ひみつ

○たけ里ブラザーズ○

たけっち

さとっち

○きのこの山の日と たけのこの里の日○

きのこの山の日は，国みんの
しゅく日の 山の日に 合わせて
8月11日と きめられました。

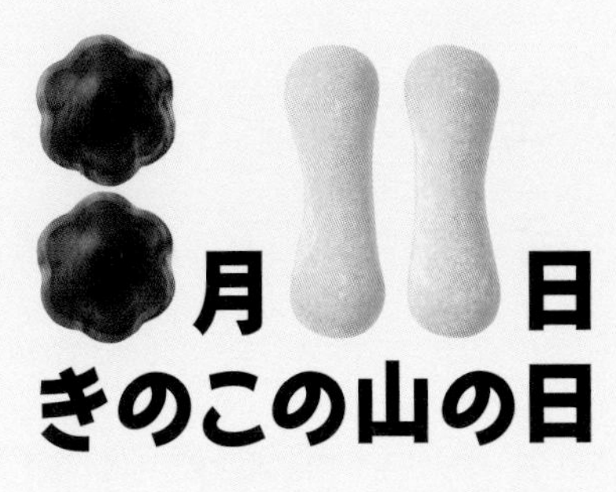
月
日
きのこの山の日

さ と
3月10日
たけのこの里の日

きのこの山の日と 同じように
たけのこの里の日も 作ろうと
しましたが，「里の日」と いう
しゅく日は ありません。
そこで，語ろ合わせを つかって
3月10日（さんがつ とおか）が
たけのこの里の日に なりました。

ペーパークラフトの作り方

©meiji/y.takai

★ 79ページに のって いる
おやつトレイの 作り方です。

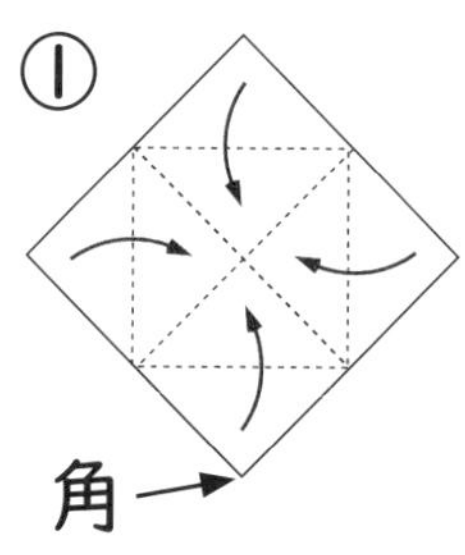
①
角

① 外がわの 線で 切りはなし，
4つの 角を 中心に むけて おります。

② むかい合う 2つの へんを 中心に
むけて おり，おり目を つけて
もどします。

②

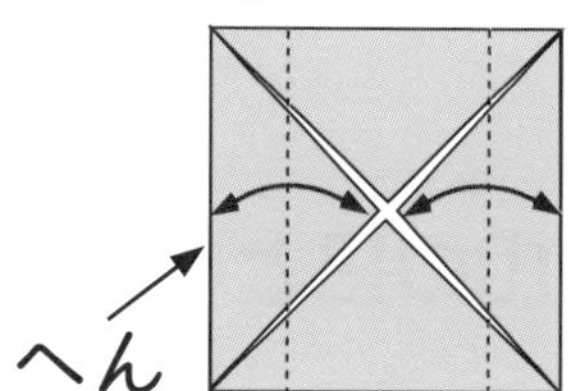
へん

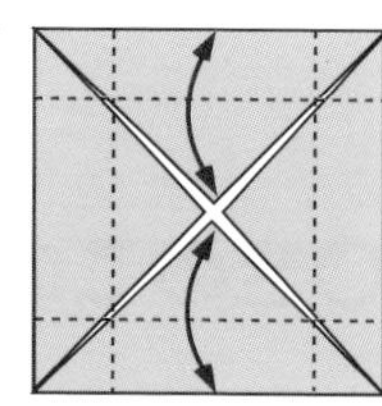

③

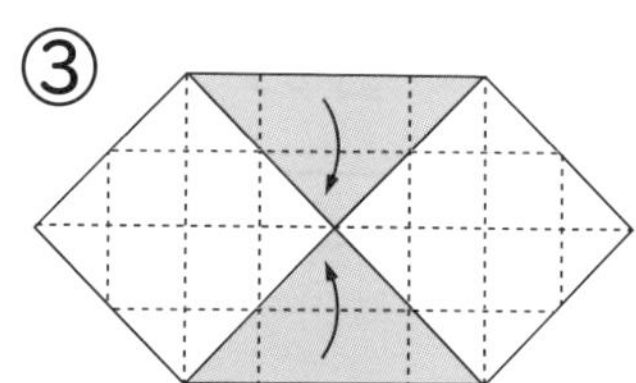

③ 左右の 角だけ ひらき，中心に むけて
赤い 点線で おります。

④ Aの ところで 1回 おり，Bの ところで
もう1ど おり，元に もどします。

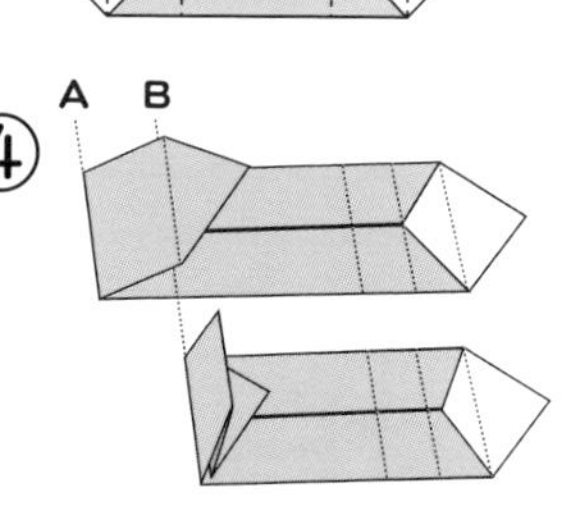
A
B
④

⑤ 親ゆびで 谷おりに して，手前の 角を
むこうがわに おりこみます。はんたいも
同じように おって かんせい！

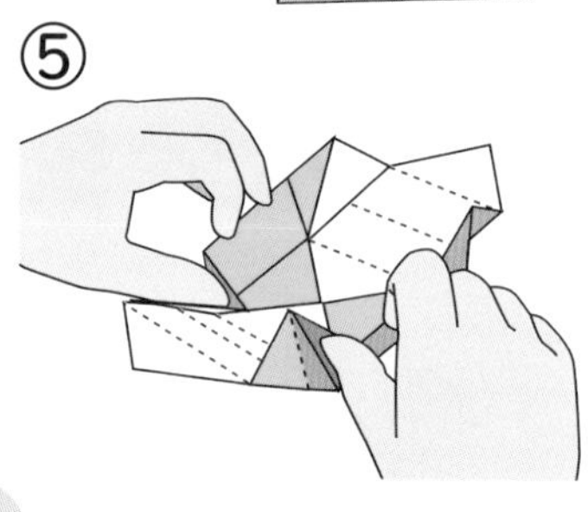
⑤

はさみを つかう 時は，けがに 気を つけて
おうちの人と とり組もう。

5 ひき算の ひっ算 ①

くり下がりのないひき算の筆算

名前

1 つぎの 計算(けいさん)を しましょう。 ①10，②〜⑦1つ7［52点(てん)］

① 56 − 13 = 43（計算の 答(こた)え）

一のくらいの 計算は 6−3=3

十のくらいの 計算は 5−1=4

一のくらいに 3を
十のくらいに 4を
書(か)こう！

② 67 − 46

③ 93 − 21

④ 94 − 54

⑤ 78 − 42

⑥ 86 − 52

⑦ 53 − 33

5 ひき算の ひっ算 ①

2 つぎの 計算(けいさん)を しましょう。 ①，②1つ10，③～⑥1つ7［48点(てん)］

① 28 − 23

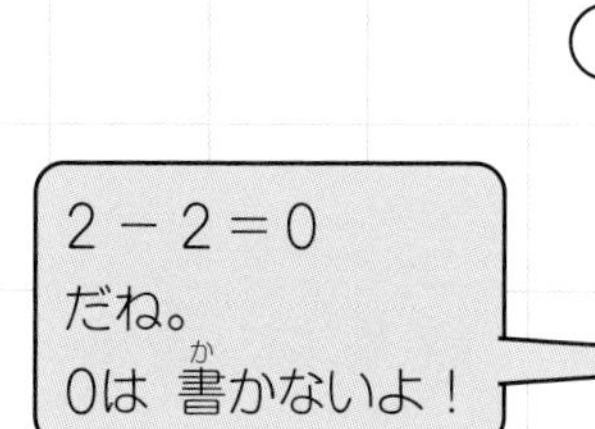
2－2＝0
だね。
0は 書(か)かないよ！

くらいを たてに そろえて 書いて，くらいごとに 計算しよう！

② 35 − 1

十のくらいは
3－0＝3と
考(かんが)えるよ。

35と −1（十のくらいにそろえて書いたもの）と しないように 気を つけよう。

③ 48 − 47

④ 76 − 4

⑤ 56 − 50

⑥ 92 − 2

自分(じぶん)で ひっ算を 書いてみよう！

答え 60ページ

月　日　点

6 ひき算の ひっ算 ②

くり下がりのあるひき算の筆算

名前

1 つぎの 計算(けいさん)を しましょう。　①10，②〜⑥1つ8［50点(てん)］

①

		3	
①		~~4~~	3
	−	1	5
		2	8

3から 5は ひけないから，
一のくらいの 計算は 十のくらいから
1 くり下げて 13−5＝8
十のくらいの 計算は 3−1＝2

②

	6	0
−	2	4

②は，0から 4は ひけないから
十のくらいから 1 くり下げよう。
十のくらいは 5に なるね。

③

	7	2
−	3	8

④

	8	0
−	5	9

⑤

	9	6
−	4	7

⑥

	5	0
−	3	8

6 ひき算の ひっ算 ②

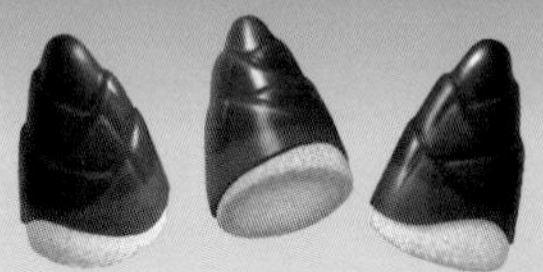

2 つぎの 計算を しましょう。

①8，②〜⑦1つ7［50点］

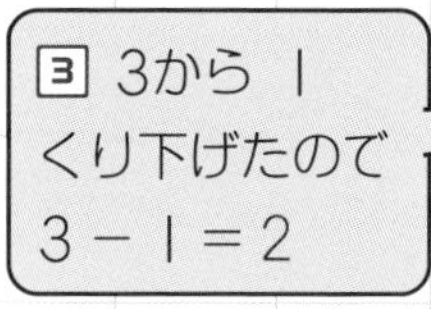

3 3から 1
くり下げたので
3－1＝2

①

$$\begin{array}{r} 37 \\ -\ 19 \\ \hline \end{array}$$

1 一のくらいの
計算は，
17－9＝8

2 一のくらいに
8を 書こう！

4 2－1

②

$$\begin{array}{r} 63 \\ -\ 18 \\ \hline \end{array}$$

③

$$\begin{array}{r} 60 \\ -\ 46 \\ \hline \end{array}$$

④

$$\begin{array}{r} 91 \\ -\ 62 \\ \hline \end{array}$$

⑤

$$\begin{array}{r} 40 \\ -\ 27 \\ \hline \end{array}$$

⑥

$$\begin{array}{r} 78 \\ -\ 49 \\ \hline \end{array}$$

⑦ 90－35

自分で ひっ算を
書いてみよう！

答え61ページ

月　日　点

7 ひき算の ひっ算 ③

くり下がりのあるひき算の筆算

名前

1 つぎの 計算(けいさん)を しましょう。

①8，②～⑦1つ7［50点(てん)］

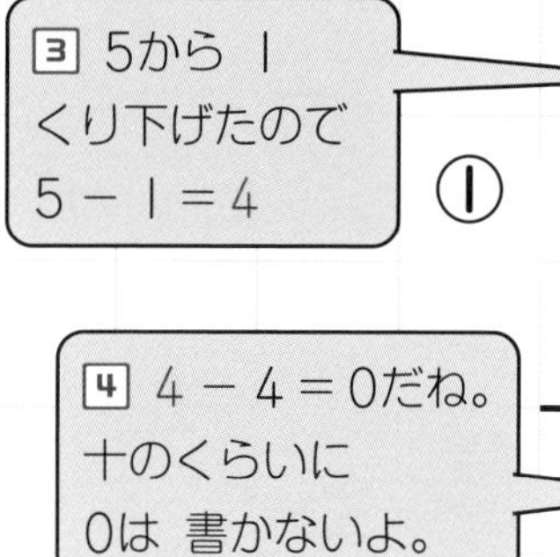

3 5から 1 くり下げたので 5－1＝4
4 4－4＝0だね。十のくらいに 0は 書かないよ。

① 56 − 49 ＝

1 6から 9は ひけないな～。十のくらいから 1 くり下げよう！ 16－9＝7だね。

2 一のくらいに 7を 書(か)こう！

② 74 − 69 ＝

③ 63 − 7 ＝

6から 1 くり下げて 5。

5－0＝5 と 考(かんが)えよう。

④ 82 − 76 ＝

⑤ 47 − 8 ＝

⑥ 71 − 64 ＝

⑦ 95 − 7 ＝

7 ひき算の ひっ算 ③

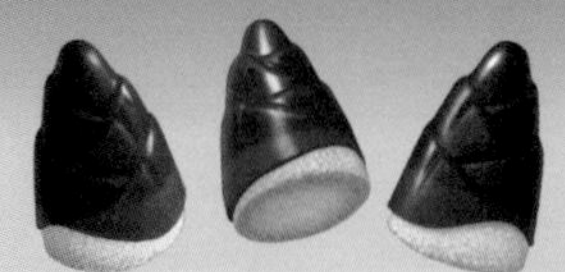

2 つぎの 計算(けいさん)を しましょう。　①8，②～⑦1つ7［50点(てん)］

[3] 3から
| くり下げて
2。

①
	3	4
−		6

[4] 2－0と 考(かんが)えよう。

[2] 14－6

[1] 4から 6は
ひけないね。
十のくらいから
| くり下げよう！

②
	7	5
−	6	6

③
	2	6
−		8

④
	6	1
−	5	7

⑤
	8	3
−		5

⑥
	4	4
−	3	6

⑦ 50 － 9

自分(じぶん)で ひっ算を
書(か)いてみよう！

答え 62ページ

月　　日

点

8 たし算や ひき算の きまり

たし算の性質，ひき算のたしかめ

名前

1 マーブルチョコレートを，りんさんは 17こ，お姉さんは 24こ もって います。

マーブル
シール

①，②しき10，答え10，③10［50点］

① りんさんが，お姉さんに マーブルチョコレートを ぜんぶ あげました。お姉さんの マーブルチョコレートは 何こに なりますか。

しき（ 24 ＋ 17 ＝ 41 ）

たされる数　たす数　答え

たされる数は お姉さん，
たす数は りんさんの 数だね。

答え（　　　　）

② お姉さんが，りんさんに マーブルチョコレートを ぜんぶ あげました。りんさんの マーブルチョコレートは 何こに なりますか。

しき（ 17 ＋ 24 ＝　　　）

こんどは
りんさんの 数が
たされる数だね。

答え（　　　　）

③ □に あてはまる ことばを 書きましょう。

たし算では，たされる数と たす数を 入れかえて 計算しても 答えは □ に なります。

2 かじゅうグミが，はこの 中に 32こ あります。はこの 中から，ふくろの 中に 13こ うつしました。はこの 中には，かじゅうグミは 何(なん)こ のこって いますか。

①，②しき10，答(こた)え10，③10［50点(てん)］

① しきを 書(か)いて 答えを もとめましょう。

しき（ 32 − 13 ＝ 19 ）

ひかれる数(かず)　ひく数　答え

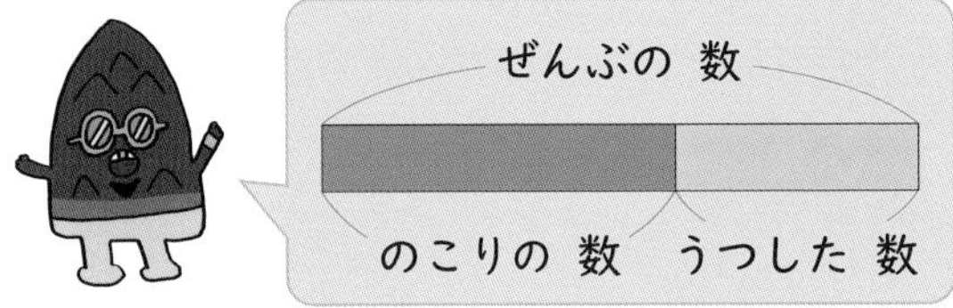
ぜんぶの 数
のこりの 数
うつした 数

答え（　　　　）

② ふくろに うつした かじゅうグミを はこに もどします。はこの 中の かじゅうグミは，何こに なりますか。

しき（ 19 ＋ 13 ＝ 32 ）

②の 答えが，①の ひかれる数と 同(おな)じに なるね。

答え（　　　　）

③ □に あてはまる ことばを 書きましょう。

ひき算(ざん)の 答えに ひく数を たすと，□数に なります。

答え 63ページ

月　　日　　　点

チョコっと ひとやすみ

かくされた 数の
なぞを とこう！

下の ひっ算を 見て，と で かくされて いる 数を
もとめましょう。

もんだい

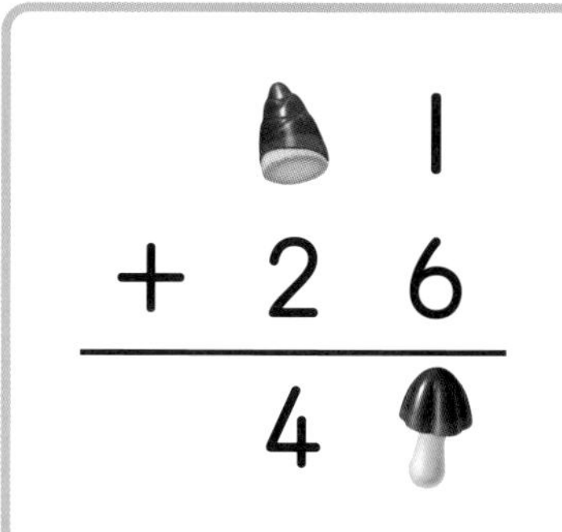

1
＋ 2 6
4

かくされて いる
数は 何だろう？

一のくらいから
じゅんに
考えてみよう！

○考え方○

① の ところには 1 ＋ 6 の 答えが 入ります。

で かくされた 数は □ です。

② の ところには ＋ 2 ＝4 と なる

数が 入ります。 で かくされた 数は □ です。

このような 計算の どこかが かくされて いる もんだいを，
虫食い算と いいます。

つぎの　虫食(むしく)い算(ざん)を　ときましょう。

①

```
   3 ●
 + 1 4
 ------
   ● 6
```

でかくされた 数(かず)は □ です。

でかくされた 数は □ です。

②

```
   6 9
 − ● 1
 ------
   3 ●
```

でかくされた 数は □ です。

でかくされた 数は □ です。

ひき算も 同(おな)じように
とけるんだね。

くり上がりや くり下がりが
ある もんだいにも
ちょうせんしてみよう。

③

```
   1
   2 5
 + ● 7
 ------
   6 ●
```

でかくされた 数は □ です。

でかくされた 数は □ です。

④

```
   7
   8 1
 − ● 4
 ------
   5 ●
```

でかくされた 数は □ です。

でかくされた 数は □ です。

とけたら
すごい！

9 何十の 計算

何十のたし算・ひき算

名前

1 つぎの 計算(けいさん)を しましょう。　①10，②～⑨1つ5［50点(てん)］

① 40＋80 ＝ 120

10の まとまりで 考(かんが)えよう。
あわせると いくつかな？

② 50＋90　　③ 70＋40

④ 60＋60　　⑤ 80＋90

⑥ 90＋20　　⑦ 70＋80

⑧ 40＋90　　⑨ 70＋70

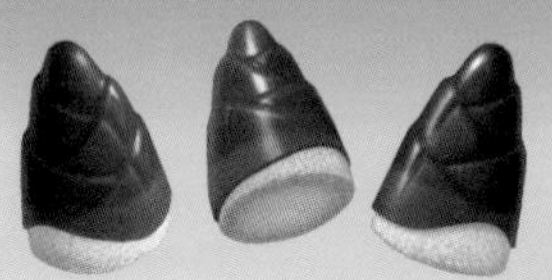

9 何十の 計算

2 つぎの 計算を しましょう。 ①10，②～⑨1つ5［50点］

① 110－70 ＝ 40

10の まとまりで 考えよう。
110は 10の まとまりが
いくつ分かな？

② 120－60　　③ 160－90

④ 110－30　　⑤ 140－70

⑥ 150－70　　⑦ 170－80

⑧ 130－80　　⑨ 180－90

答え 65ページ

月　日　　点

10 何十，何百の 計算

何十，何百のたし算・ひき算

名前

1 つぎの 計算を しましょう。

①8，②～⑦1つ7［50点］

① 200＋500 ＝ 700

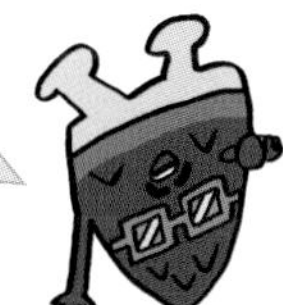

100の まとまりで 考えよう。
あわせると いくつかな？

② 300＋60

100 100 100	10 10 10 10 10 10	
3	6	0
百の くらい	十の くらい	一の くらい

③ 600＋9

100 100 100 100 100 100		1 1 1 1 1 1 1 1 1
百の くらい	十の くらい	一の くらい

④ 600＋300

⑤ 800＋80

⑥ 500＋1

⑦ 600＋100

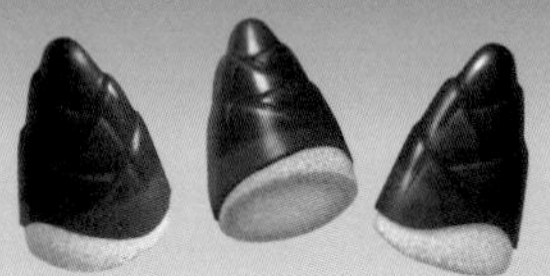

10 何十，何百の 計算

2 つぎの 計算(けいさん)を しましょう。　①10，②〜⑨1つ5［50点(てん)］

① 600－400＝200

100の まとまりで
考(かんが)えよう。

100

100

100

100

100

100

② 350－50　　③ 408－8

④ 500－100　　⑤ 740－40

⑥ 703－3　　⑦ 900－800

⑧ 410－10　　⑨ 207－7

答え 66ページ

月　　日　　点

11 計算の くふう

たし算では，たす順序を変えても
答えが同じになることの確認

名前

Pucca

1 プッカが，さらに 8こ ありました。はこに のこって いた 14こと，友だちから もらった 6こも さらに のせました。プッカは，ぜんぶで 何こ さらに のって いますか。

①15，②しき1つ5，答え1つ5，③15［50点］

① 1つの しきに 書きましょう。

しき
+
+

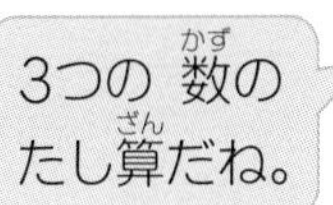
3つの 数の
たし算だね。

② 計算の しかたを 考えましょう。

㋐はじめに さらに のって いた 数と，はこに のこって いた 数を 先に 計算する。

しき ［ 8 + 14 =
22 + 6 = ］

答え（　　　　）

㋑はこに のこって いた 数と，友だちから もらった 数を 先に 計算する。

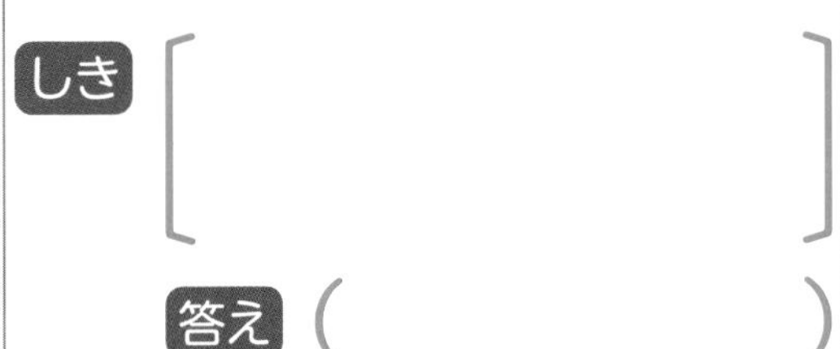
しき
答え

③ □に あてはまる ことばを 書きましょう。

たし算では，たす じゅんじょを かえて 計算しても 答えは □ に なります。

11 計算の くふう

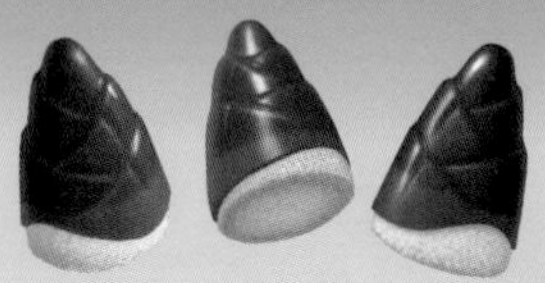

2 8＋14＋6を つぎの しかたで 計算(けいさん)しましょう。

1つ9［18点(てん)］

① (8＋14)＋6　　② 8＋(14＋6)

答(こた)えは 同(おな)じだけど，②の方(ほう)が
計算が かんたんだね！

3 くふうして 計算しましょう。　1つ8［32点］

① 7＋28＋2　　② 5＋67＋3

③ 9＋18＋1　　④ 15＋29＋5

答え 67ページ

月　日　　点

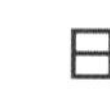

チョコっとひとやすみ

★あまくて ひんやり★
とろける
キャラメルファッジ

○ざいりょう○ （4～5人分）

明治エッセルスーパーカップ（バニラ）… 4～5個

〈キャラメルソース〉

砂糖 … 80 g

生クリーム … 100 mL

水 … 25 mL

〈デコレーション用〉

アポロ … 適量

ミントの葉 … 適量

かならず おうちの人と いっしょに 作ろう。

○どうぐ○

電子レンジ，手鍋，ボウル（大），ヘラ

○作り方○

① 手鍋に砂糖と水を入れて，中火にかけます。

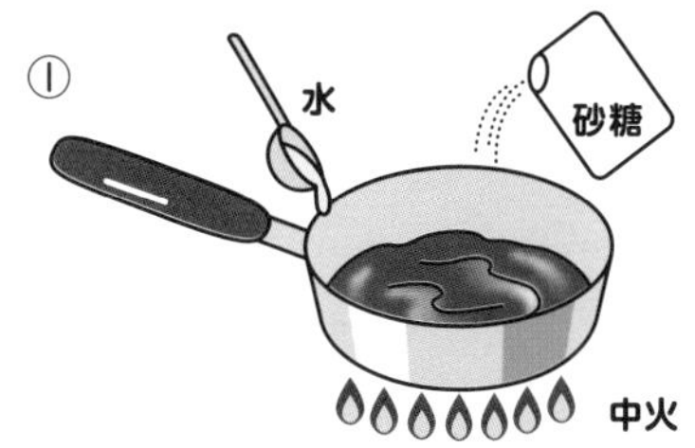
①
水
砂糖
中火

② 5～6分煮つめてあめ色になったら弱火にして，電子レンジで温めた（500Wで20秒程度）生クリームを，少しずつ加えて混ぜながらキャラメルソースに仕上げます。

②
生クリーム
弱火

ポイント

生クリームを くわえると ソースが はねやすく なるので ちゅういしてね。

③
氷水

③ ②の粗熱が取れたら，ボウルに氷水を入れ，手鍋の底を当てて，ぽってりしたかたさになるまでヘラで混ぜます。

ポイント

手で さわれるように なる
くらいまで さます ことを
「あらねつを とる」と いうよ。

④ うつわにアイスクリームを盛り，③をとろりとかけます。

⑤ 彩りにアポロとミントの葉を添えれば，できあがり！

キャラメルソースは アイスの ほかにも
ホットケーキに かけたり パンに ぬったり
スイーツ作りに いろいろ つかえるよ。

○どうぐを　知ろう○

①ボウル（大・小）

ざいりょうを まぜたり，チョコレートを
とかしたり，生クリームを ホイップしたり，
いろいろな ときに つかいます。
大と 小，2～3こずつ あると べんりです。

②手なべ

ざいりょうを 火に かけて
あたためたり，につめたり，
いろいろな ソースを 作ったり するのに つかいます。
そそぎ口が あると，とても べんりです。

12 たし算の ひっ算 ④

十の位にくり上がりがあり，
和が100以上になるたし算の筆算

名前

1 つぎの 計算（けいさん）を しましょう。　①8，②～⑦1つ7［50点（てん）］

① 56 + 72 = 128

百のくらい

一のくらいの 計算は 6＋2＝8
十のくらいの 計算は 5＋7＝12

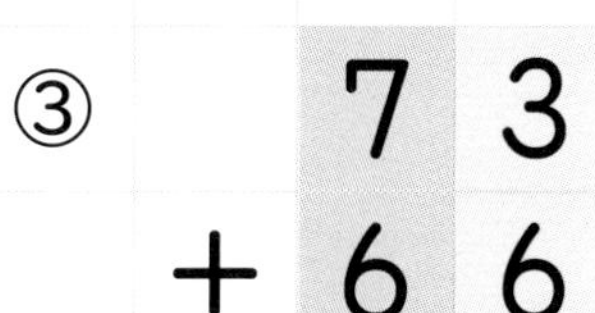

百のくらいに 1 くり上げるよ。
ひっ算の 答（こた）えは，
一のくらいに 8を，十のくらいに 2を，
百のくらいに 1を 書（か）こう！

② 84 + 63 =

③ 73 + 66 =

④ 51 + 94 =

⑤ 87 + 82 =

⑥ 93 + 75 =

⑦ 62 + 95 =

くらいを たてに
そろえて 書いて，
一のくらいから
じゅんに
計算しよう。

12 たし算の ひっ算 ④

2 つぎの 計算(けいさん)を しましょう。 ①8, ②〜⑦1つ7 [50点(てん)]

①
$$\begin{array}{r} 74 \\ +\ 72 \\ \hline \end{array}$$

1 一のくらいの 計算は
4＋2＝6
答(こた)えの 一のくらいに
6を 書(か)く。

2 十のくらいの
計算は
7＋7＝14
百のくらいに
1 くり上げる。

一のくらいから
じゅんに 計算しよう！

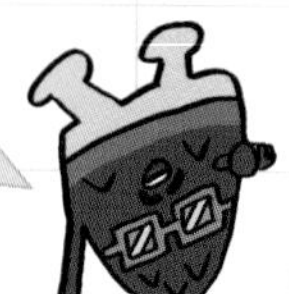

②
$$\begin{array}{r} 91 \\ +\ 27 \\ \hline \end{array}$$

③
$$\begin{array}{r} 63 \\ +\ 61 \\ \hline \end{array}$$

④
$$\begin{array}{r} 70 \\ +\ 43 \\ \hline \end{array}$$

⑤
$$\begin{array}{r} 42 \\ +\ 83 \\ \hline \end{array}$$

⑥
$$\begin{array}{r} 69 \\ +\ 80 \\ \hline \end{array}$$

⑦
$$\begin{array}{r} 94 \\ +\ 45 \\ \hline \end{array}$$

答え 68ページ

月　　日　　　点

13 たし算の ひっ算 ⑤

一の位と十の位にくり上がりがあり，
和が100以上になるたし算の筆算

名前

1 つぎの 計算(けいさん)を しましょう。

①8，②〜⑦1つ7［50点(てん)］

一のくらいの 計算は 6＋7＝13

①

```
  1
  3 6
+ 8 7
-----
1 2 3
```

十のくらいに 1 くり上げるよ。
→くり上げた 1と 3で 4だね。

十のくらいの 計算は 4＋8＝12

百のくらいに 1 くり上げる。

②

```
  7 5
+ 6 6
-----
```

③

```
  8 9
+ 4 7
-----
```

④

```
  6 4
+ 5 8
-----
```

⑤

```
  2 6
+ 9 8
-----
```

くり上がりが 2回(かい) あるよ！ 気を つけて 計算しよう。

⑥

```
  9 7
+ 3 4
-----
```

⑦

```
  7 8
+ 8 3
-----
```

13 たし算の ひっ算 ⑤

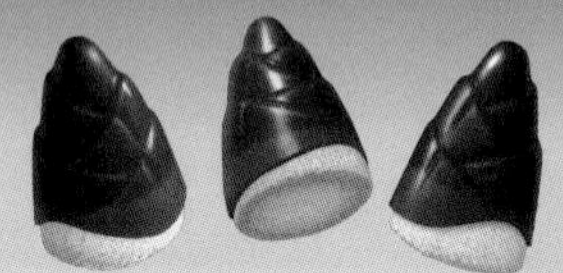

2 つぎの 計算(けいさん)を しましょう。 ①8, ②～⑦1つ7 [50点(てん)]

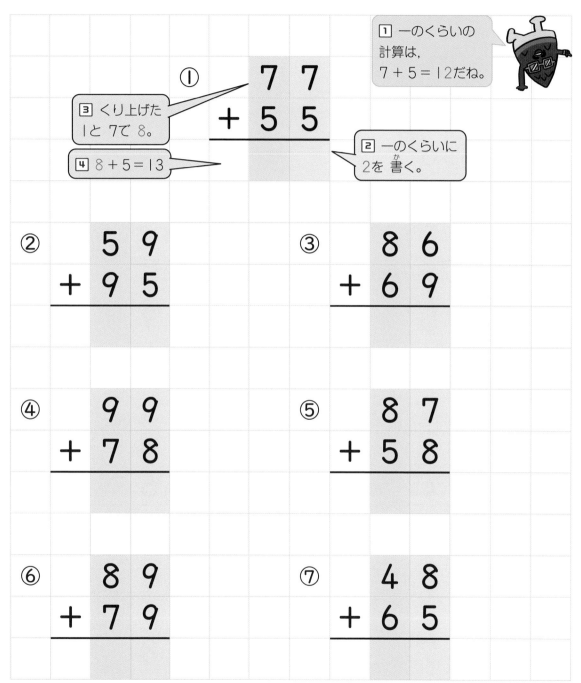

① 77 + 55

1 一のくらいの計算は、7 + 5 = 12だね。

2 一のくらいに2を書(か)く。

3 くり上げた1と7で8。

4 8 + 5 = 13

② 59 + 95

③ 86 + 69

④ 99 + 78

⑤ 87 + 58

⑥ 89 + 79

⑦ 48 + 65

答え 69ページ

月　日　点

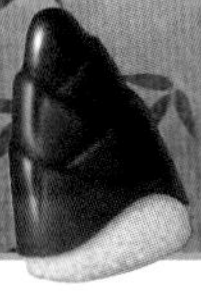

14 たし算の ひっ算 ⑥

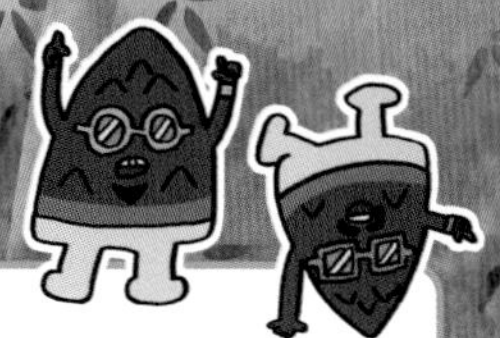

0を含む，たし算の筆算

名前

1 つぎの 計算(けいさん)を しましょう。

①10，②～⑥1つ8 [50点(てん)]

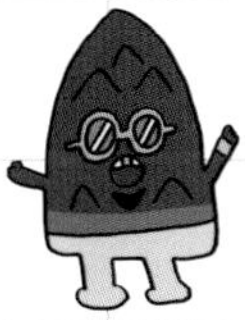

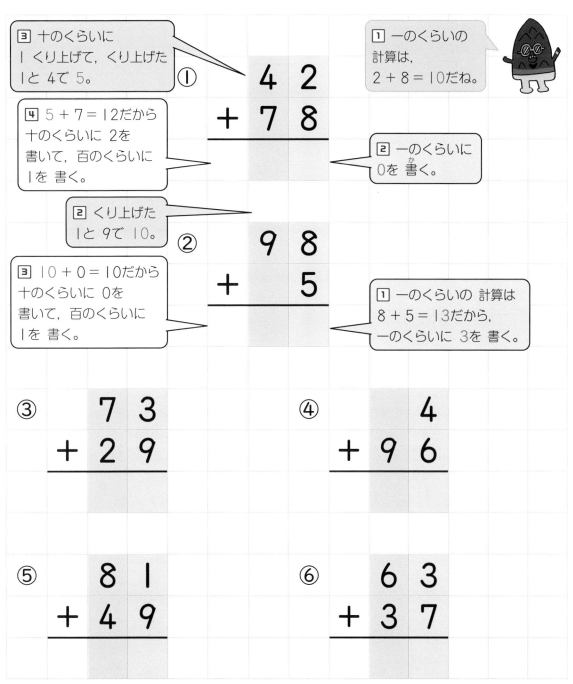

①

$$\begin{array}{rrr} & 4 & 2 \\ + & 7 & 8 \\ \hline & & \end{array}$$

1 一のくらいの 計算は，2 + 8 = 10だね。

2 一のくらいに 0を 書(か)く。

3 十のくらいに 1 くり上げて，くり上げた 1と 4で 5。

4 5 + 7 = 12だから 十のくらいに 2を 書いて，百のくらいに 1を 書く。

②

$$\begin{array}{rrr} & 9 & 8 \\ + & & 5 \\ \hline & & \end{array}$$

1 一のくらいの 計算は 8 + 5 = 13だから，一のくらいに 3を 書く。

2 くり上げた 1と 9で 10。

3 10 + 0 = 10だから 十のくらいに 0を 書いて，百のくらいに 1を 書く。

③

$$\begin{array}{rrr} & 7 & 3 \\ + & 2 & 9 \\ \hline & & \end{array}$$

④

$$\begin{array}{rrr} & & 4 \\ + & 9 & 6 \\ \hline & & \end{array}$$

⑤

$$\begin{array}{rrr} & 8 & 1 \\ + & 4 & 9 \\ \hline & & \end{array}$$

⑥

$$\begin{array}{rrr} & 6 & 3 \\ + & 3 & 7 \\ \hline & & \end{array}$$

14 たし算の ひっ算 ⑥

2 つぎの 計算(けいさん)を しましょう。　①8，②～⑦1つ7［50点(てん)］

①

$$\begin{array}{r} 75 \\ +\ 65 \\ \hline \end{array}$$

1 5＋5＝10 十のくらいに 1 くり上げる。

2 くり上げた 1と 7で 8。

3 8＋6＝14だから，十のくらいに 4を 書(か)いて，百のくらいに 1を 書く。

くり上げた 1を たしわすれない ようにね！

②

$$\begin{array}{r} 98 \\ +\ \ 2 \\ \hline \end{array}$$

③

$$\begin{array}{r} 49 \\ +\ 53 \\ \hline \end{array}$$

④

$$\begin{array}{r} 7 \\ +\ 93 \\ \hline \end{array}$$

⑤

$$\begin{array}{r} 28 \\ +\ 74 \\ \hline \end{array}$$

⑥

$$\begin{array}{r} 11 \\ +\ 89 \\ \hline \end{array}$$

⑦

$$\begin{array}{r} 66 \\ +\ 64 \\ \hline \end{array}$$

答え 70ページ

月　　日　　点

15 ひき算の ひっ算 ④

百の位からくり下がる
ひき算の筆算

名前

1 つぎの 計算(けいさん)を しましょう。　①8，②～⑦1つ7［50点(てん)］

百のくらい　十のくらい　一のくらい

①
```
   1 3 8
 −   4 2
 ───────
     9 6
```

一のくらいの 計算は

8−2＝6

十のくらいの 計算は

13−4＝9

3から 4は
ひけないので，
百のくらいから
1 くり下げよう！

②
```
   1 2 6
 −   4 5
 ───────
```

③
```
   1 4 8
 −   7 3
 ───────
```

④
```
   1 1 3
 −   8 1
 ───────
```

⑤
```
   1 7 9
 −   9 2
 ───────
```

⑥
```
   1 5 7
 −   8 4
 ───────
```

⑦
```
   1 2 6
 −   6 2
 ───────
```

15 ひき算の ひっ算 ④

2 つぎの 計算(けいさん)を しましょう。 ①8，②～⑦1つ7［50点(てん)］

一のくらいから じゅんに 計算しよう！

①
$$\begin{array}{r} 165 \\ -\ \ 82 \\ \hline \end{array}$$

1 一のくらいの 計算は 5－2＝3

2 十のくらいの 計算は 6から 8は ひけないので，百のくらいから 1 くり下げるよ！

②
$$\begin{array}{r} 145 \\ -\ \ 53 \\ \hline \end{array}$$

③
$$\begin{array}{r} 139 \\ -\ \ 78 \\ \hline \end{array}$$

④
$$\begin{array}{r} 114 \\ -\ \ 91 \\ \hline \end{array}$$

⑤
$$\begin{array}{r} 164 \\ -\ \ 94 \\ \hline \end{array}$$

⑥
$$\begin{array}{r} 128 \\ -\ \ 75 \\ \hline \end{array}$$

⑦
$$\begin{array}{r} 183 \\ -\ \ 92 \\ \hline \end{array}$$

答え 71ページ

月　日　　点

16 ひき算の ひっ算 ⑤

百の位，十の位からくり下がる
ひき算の筆算

名前

1 つぎの 計算を しましょう。 ①8，②〜⑦1つ7［50点］

①
```
   4
  1 5 2
−   8 4
───────
    6 8
```
一のくらいの 計算は
十のくらいから １ くり下げる　12−4＝8
十のくらいの 計算は
百のくらいから １ くり下げる　14−8＝6

②
```
  1 4 3
−   8 5
───────
```

③
```
  1 2 4
−   5 7
───────
```

④
```
  1 3 1
−   8 7
───────
```

⑤
```
  1 7 4
−   9 8
───────
```

⑥
```
  1 6 8
−   7 9
───────
```

⑦
```
  1 4 2
−   5 6
───────
```

くり下がりが 2回 あるから 気を つけよう！

16 ひき算の ひっ算 ⑤

2 つぎの 計算(けいさん)を しましょう。 ①8，②～⑦1つ7［50点(てん)］

①
```
   1 4 1
 −   7 2
 ───────
```

2 3から 7は ひけないので，百のくらいから 1 くり下げて 計算する。

1 1から 2は ひけないので，十のくらいから 1 くり下げて 計算する。

②
```
   1 5 3
 −   9 7
 ───────
```

③
```
   1 7 3
 −   8 8
 ───────
```

④
```
   1 3 2
 −   6 8
 ───────
```

⑤
```
   1 2 5
 −   4 7
 ───────
```

⑥
```
   1 7 1
 −   7 5
 ───────
```

⑦
```
   1 8 7
 −   9 8
 ───────
```

まず 一のくらい から，計算 しよう！

答え 72ページ

月　　日　　点

17 ひき算の ひっ算 ⑥

0を含む，ひき算の筆算

名前

1 つぎの 計算(けいさん)を しましょう。 ①8，②～⑦1つ7［50点(てん)］

①
```
  1 3 0
−   3 2
```

一のくらいの 計算は
十のくらいから 1 くり下げる。 10−2＝8

十のくらいの 計算は
百のくらいから 1 くり下げる。 12−3＝9

②
```
  1 5 4
−   6 0
```

③
```
  1 0 7
−   3 6
```

④
```
  1 8 3
−   9 0
```

⑤
```
  1 7 0
−   7 8
```

⑥
```
  1 4 0
−   5 9
```

⑦
```
  1 0 5
−   4 3
```

くり下がりに
気を
つけよう！

17 ひき算の ひっ算 ⑥

2 つぎの 計算(けいさん)を しましょう。 ①8，②～⑦1つ7［50点(てん)］

① 106 − 54

② 十のくらいの 計算は 0から 5は ひけないので，百のくらいから 1 くり下げるよ！

① 一のくらいの 計算は 6 − 4 = 2

② 174 − 80

③ 150 − 97

④ 103 − 21

⑤ 120 − 98

⑥ 127 − 30

⑦ 108 − 66

0が あっても，計算の しかたは これまでと 同(おな)じだよ。

答え 73ページ

月　日

点

18 ひき算の ひっ算 ⑦

ひかれる数の十の位が0の
ひき算の筆算

名前

1 つぎの 計算(けいさん)を しましょう。 1つ10［50点(てん)］

①

	1	0 (9, 10)	6
−		2	7

一のくらいの 計算は

1 十のくらいから くり下げられないので，百のくらいから十のくらいに 1 くり下げる。
2 十のくらいから 一のくらいに 1 くり下げる。

16−7＝9

十のくらいの 計算は

3 一のくらいに 1 くり下げたので，10−1＝9

9−2＝7

②

	1	0	4
−			8

9−0　14−8

③

	1	0	7
−		4	9

④

	1	0	5
−			6

⑤

	1	0	1
−		3	4

くり下がりが 2回(かい) あるから 気を つけよう！

18 ひき算の ひっ算 ⑦

2 つぎの 計算(けいさん)を しましょう。　1つ10［50点(てん)］

③ 1 くり下げたので 9。
9－0＝9と 考(かんが)える。

一のくらいの 計算は，
0から 9は ひけないね！

①
$$\begin{array}{r} 100 \\ -\quad 9 \\ \hline \end{array}$$

1 百のくらいから
十のくらいに
1 くり下げる。
2 十のくらいから
一のくらいに
1 くり下げる。

②
$$\begin{array}{r} 100 \\ -\quad 12 \\ \hline \end{array}$$

③
$$\begin{array}{r} 102 \\ -\quad 7 \\ \hline \end{array}$$

④
$$\begin{array}{r} 108 \\ -\quad 59 \\ \hline \end{array}$$

⑤
$$\begin{array}{r} 103 \\ -\quad 5 \\ \hline \end{array}$$

一のくらいから じゅんに 計算しよう！

答え 74ページ

月　日　点

チョコっと まめちしき

チョコレートの
おいしい食べ方

○チョコレートの おいしさと おんど[※1]○

せっかくの チョコレートも 28℃より 気おん[※2]が 高いと とけて しまいます。れいぞうこで ひやす 場合も，おいしく 食べるには 工ふうが ひつようです。

チョコが とけたら，自まんの たけのこの かわが なくなって こまるぜ。

でも，ただ ひやすだけじゃ だめみたいだよ。

チョコレートに 白っぽい はん点が できてしまう ことを ブルームげんしょうと いいます。ブルームげんしょうが おきると，チョコレートの あじや 口どけが わるく なって しまいます。ブルームげんしょうの 原いんは おんどや しつど[※3]が 高いことと，きゅうな おんどの へんかです。ちょうどよい おんどは チョコレートによって ちがいますが，いたチョコでは 15〜18℃です。

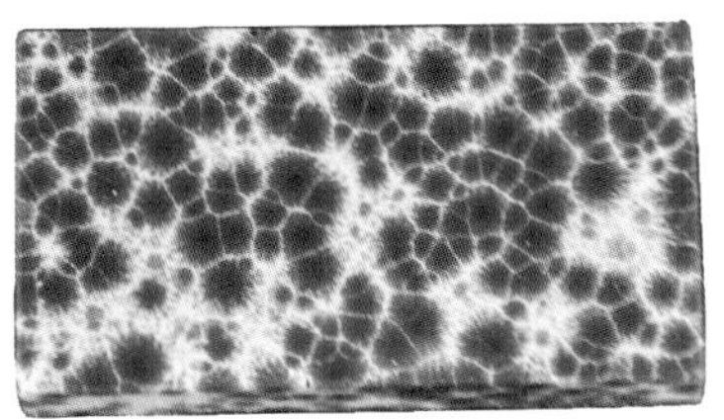

ブルームげんしょう

※1　おんど…あたたかさや つめたさを，数字で あらわした ものだよ。
※2　気おん…空気の おんどの ことだよ。
※3　しつど…空気の しめりぐあいの ことだよ。

○おいしく ほぞんする 方ほう○

ブルームげんしょうの 原いんは 高い おんどや
しつど，きゅうな おんどの へんかだったな。

①野さい室に 入れよう

野さい室は あける 回数が 少なく，
おんどが かわりにくいので おすすめです。

②ファスナーつきの ふくろに 入れよう

かおりが 強い 食ひんには ちゅういが ひつようです。
チョコレートに かおりが うつることを ふせぐために，
ファスナーつきの ビニールぶくろに 入れましょう。

ねぎは かおりが
強いぜ。

③出した 後も 気を つけよう

れいぞうこから 出した 後 きゅうに あたためると
ブルームげんしょうが おきてしまいます。れいぞうこから
出したら，ゆっくり じょうおんに もどしましょう。
すずしい ところに 15～30分 おくことが おすすめです。

やる ことが 多くて むずかしいぜ～。

ブルームげんしょうが おきた チョコレートを 食べても，
もんだいは ありません。ですが，ひと手間 かけると
とても おいしく 食べられるので ためしてみて ください。

19 大きい 数の ひっ算 ①

200より大きい数を含む
たし算の筆算

名前

1 つぎの 計算(けいさん)を しましょう。 ①8, ②〜⑦1つ7 [50点(てん)]

① 256 + 38 = 294

一のくらいの 計算は 6+8=14
十のくらいの 計算は 6+3=9
百のくらいの 計算は 2+0=2

② 51 + 324

③ 478 + 9

数(かず)が 大きく
なっても
ひっ算の
しかたは
かわらない
よ！

④ 517 + 34

⑤ 6 + 689

⑥ 44 + 328

⑦ 745 + 7

19 大きい 数の ひっ算 ①

2 つぎの 計算(けいさん)を しましょう。 ①8，②〜⑦1つ7［50点(てん)］

くり上がりの
しかたも
今(いま)までと
同(おな)じだね。

①
```
    4 7
+ 4 3 6
-------
```

1 7＋6＝13
答(こた)えの 一のくらいに
3を 書(か)いて，十のく
らいに 1を 書く。

2 くり上げた 1と 4で 5。
5＋3＝8
十のくらいに 8を 書く。

3 0＋4＝4

②
```
  7 2 8
+     6
-------
```

③
```
    2 1
+ 2 7 8
-------
```

④
```
  3 5 5
+   1 8
-------
```

⑤
```
      3
+ 5 1 9
-------
```

⑥
```
    3 6
+ 6 1 5
-------
```

⑦
```
  8 4 3
+   3 9
-------
```

答え 75ページ

月　　日　　　点

20 大きい 数の ひっ算 ②

200より大きい数を含む
ひき算の筆算

名前

1 つぎの 計算(けいさん)を しましょう。 ①8，②〜⑦1つ7［50点(てん)］

① 453 − 41 = 412

くらいを たてに そろえて 書(か)いて，
一のくらいから じゅんに 計算します。
一のくらいの 計算は 3−1＝2
十のくらいの 計算は 5−4＝1
百のくらいの 計算は 4−0＝4

数(かず)が 大きく なっても
計算の しかたは
これまでと 同(おな)じだね！

② 648 − 24

③ 823 − 14

3から 4は
ひけないので，十のく
らいから
1 くり下
げるよ。

④ 295 − 7

⑤ 684 − 26

⑥ 551 − 33

⑦ 732 − 3

20 大きい 数の ひっ算 ②

2 つぎの 計算(けいさん)を しましょう。

①8，②～⑦1つ7［50点(てん)］

① 354 − 17

2 十のくらいは
1 くり下げたので 4。
4 − 1 = 3

1 4から 7は
ひけないので，
十のくらいから
1 くり下げて
14 − 7 = 7

3 3 − 0 = 3

② 463 − 25

③ 924 − 14

④ 695 − 38

⑤ 748 − 9

⑥ 571 − 4

⑦ 382 − 16

一のくらい，
十のくらい，
百のくらいの
じゅんに，
計算しよう！

答え 76ページ

月　日

点

21 4けたの 数の 計算

百をひとまとまりにした
たし算・ひき算

名前

1 つぎの 計算を しましょう。 ①8，②～⑦1つ7［50点］

① 600＋500 ＝ 1100

1000

100の まとまりで
考えよう。
100を 10こ
あつめた 数は
1000だよ！

② 300＋900

③ 600＋800

④ 700＋400

⑤ 500＋800

⑥ 800＋900

⑦ 900＋900

21 4けたの 数の 計算

2 つぎの 計算(けいさん)を しましょう。　①8, ②〜⑦1つ7 [50点(てん)]

① 1000－600 ＝400

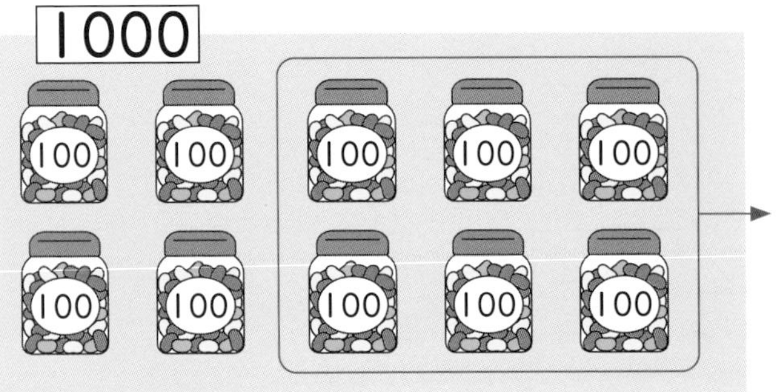

1000
100

1000は,
100を 10こ
あつめた 数(かず)だね。

② 800－500

③ 1000－900

④ 900－100

⑤ 700－400

⑥ 1000－500

⑦ 1000－400

答え 77ページ

月　日　　点

22 2年生の まとめ

2年生のたし算・ひき算のまとめ

名前

1 つぎの 計算(けいさん)を しましょう。 ①〜④1つ5, ⑤〜⑨1つ6 [50点(てん)]

① $52 + 29$

② $47 + 8$

③ $67 + 82$

④ $95 + 87$

くり上がりに
気を つけよう！

⑤ $97 + 7$

⑥ $349 + 25$

⑦ 30＋80

⑧ 200＋60

⑨ 800＋800

22 2年生の まとめ

2 つぎの 計算(けいさん)を しましょう。　①〜④1つ5, ⑤〜⑨1つ6［50点(てん)］

①
```
   6 4
 − 1 8
```

②
```
   2 1
 −   5
```

③
```
  1 6 7
 −  8 3
```

④
```
  1 2 3
 −  4 9
```

⑤
```
  1 0 7
 −  3 8
```

⑥
```
  6 7 1
 −  5 3
```

一のくらいからじゅんに計算しよう！

⑦ 150 − 90　　⑧ 600 − 200

⑨ 1000 − 300

答え 78ページ

月　日　点

おかしなドリル

小学2年 たし算・ひき算

答え(こた)と てびき

答えあわせを しよう！
まちがえた もんだいは
どうして まちがえたか 考え(かんが)て
もういちど といてみよう。

もんだいと 同じ(おな)ように
切り(き)とって つかえるよ。

1 1年生の ふくしゅう

1年生の計算の復習

名前

1 つぎの 計算(けいさん)を しましょう。　1つ5［50点］

① 2＋3＝5

あわせると……

② 3＋4＝7　③ 7＋3＝10

④ 1＋9＝10　⑤ 8＋0＝8

⑥ 6−3＝3

のこりは……
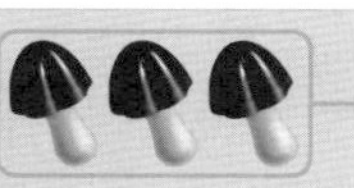

⑦ 7−2＝5　⑧ 10−9＝1

⑨ 6−6＝0　⑩ 2−0＝2

★1年生で学習した1桁どうしのたし算やひき算は，今後の学習の基礎となります。間違えずに計算できるか確認しましょう。

1 1年生の ふくしゅう

2 つぎの 計算(けいさん)を しましょう。　1つ5［50点］

① 7＋8＝15

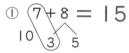

10　3　5

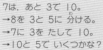

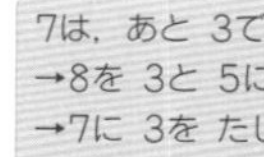
7は，あと 3で 10。
→8を 3と 5に 分ける。
→7に 3を たして 10。
→10と 5で いくつかな？

② 11−7＝4

10　1
3

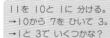

11を 10と 1に 分ける。
→10から 7を ひいて 3。
→1と 3で いくつかな？

③ 9＋4＝13　④ 14−5＝9

⑤ 40＋20＝60　⑥ 70＋30＝100

★（何十）＋（何十）や（何十）−（何十）の計算は，10のまとまりがいくつあるかを考えましょう。

⑦ 31＋8＝39　⑧ 90−40＝50

⑨ 100−60＝40　⑩ 28−7＝21

★1桁どうしのたし算やひき算ができても，くり上がりやくり下がりのある計算や2桁以上の数をふくむ計算でつまずくことがあります。さらに大きな数について学習する前に，きちんと復習しましょう。

答え 56ページ

月　日　　点

2 たし算の ひっ算 ①

くり上がりのないたし算の筆算

名前

1 つぎの 計算(けいさん)を しましょう。　①10，②〜⑦1つ7［52点］

① 13 + 24 = 37

一のくらいの 計算は 3＋4＝7

十のくらいの 計算は 1＋2＝3

計算の答え

ひっ算の 答えは，
一のくらいに 7を
十のくらいに 3を
書けば いいね！

② 57 + 32 = 89

③ 65 + 14 = 79

④ 81 + 17 = 98

⑤ 12 + 62 = 74

⑥ 43 + 42 = 85

⑦ 61 + 38 = 99

★2桁＋2桁の筆算の手順を学習します。同時に，1年生で学習した1桁＋1桁の計算ができているか，確認しましょう。

2 たし算の ひっ算 ①

2 つぎの 計算(けいさん)を しましょう。　①，②1つ10，③〜⑥1つ7［48点］

十のくらいの
計算は，
これまでと
同じように
7＋1＝8
だね。

① 79 + 10 = 89

一のくらいに
0が あるよ。
9＋0＝9
だったね。

十のくらいを
4＋0＝4と
考えて，答えの
十のくらいには
4を 書くよ。

② 45 + 3 = 48

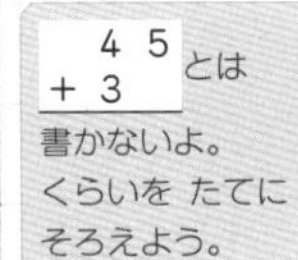

45＋3 とは
書かないよ。
くらいを たてに
そろえよう。

③ 32 + 40 = 72

④ 96 + 2 = 98

⑤ 10 + 87 = 97

⑥ 4 + 60 = 64

★筆算は，きちんと位を縦にそろえて書くことが大切です。ていねいに書いて計算する習慣を身につけましょう。

答え 57ページ

月　日　点

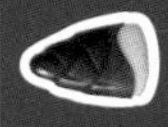

3 たし算の ひっ算 ②

くり上がりのあるたし算の筆算

名前

1 つぎの 計算(けいさん)を しましょう。 ①10, ②〜⑥1つ8 [50点]

① 34 + 17 = 51

一のくらいの 計算は 4＋7＝11

十のくらいに 1 くり上げるよ。
→くり上げた 1と 3で 4だね。

十のくらいの 計算は 4＋1＝5

② 28 + 42 = 70

②の 一のくらいの 計算は, 8＋2＝10
答えの 一のくらいに 0を 書いて,
十のくらいに 1 くり上げるよ。

③ 65 + 28 = 93

④ 31 + 49 = 80

⑤ 27 + 58 = 85

⑥ 56 + 34 = 90

★2桁+2桁の筆算で，一の位から十の位にくり上がりのある計算の学習をします。十の位に1くり上げるのを忘れないよう注意しましょう。

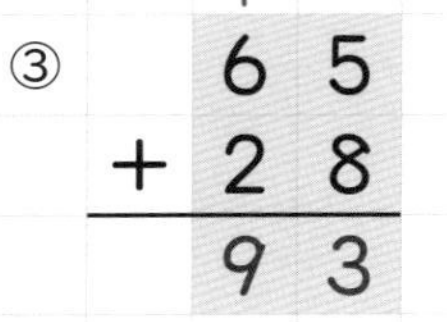

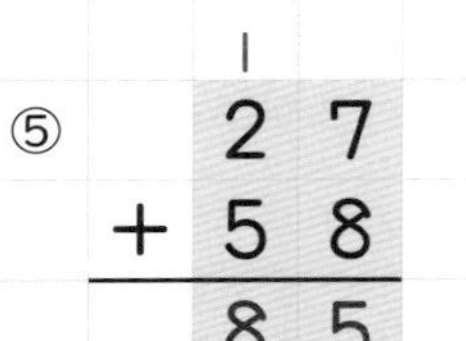

3 たし算の ひっ算 ②

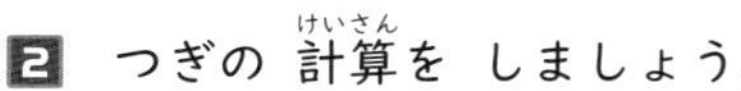

2 つぎの 計算(けいさん)を しましょう。 ①8, ②〜⑦1つ7 [50点]

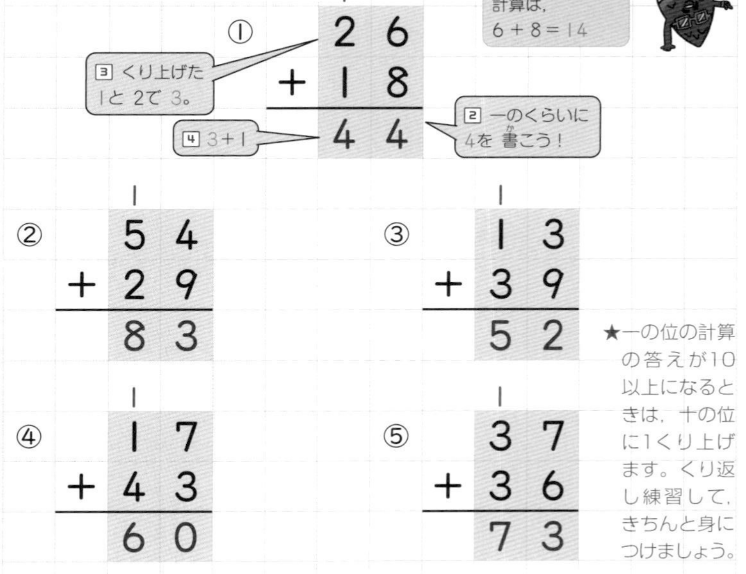

① 26 + 18 = 44
1 一のくらいの 計算は, 6＋8＝14
2 一のくらいに 4を 書こう！
3 くり上げた 1と 2で 3。
4 3＋1

② 54 + 29 = 83

③ 13 + 39 = 52

④ 17 + 43 = 60

⑤ 37 + 36 = 73

★一の位の計算の答えが10以上になるときは，十の位に1くり上げます。くり返し練習して，きちんと身につけましょう。

⑥ 49 + 28 = 77

⑦ 45 + 35

45 + 35 = 80

自分(じぶん)で ひっ算を 書いてみよう！

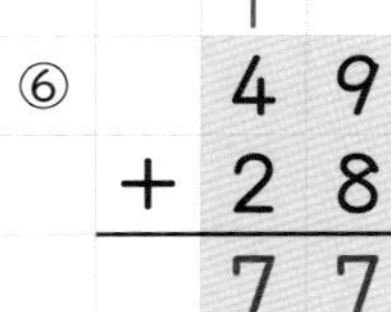

答え 58ページ

月 日 点

4 たし算の ひっ算 ③

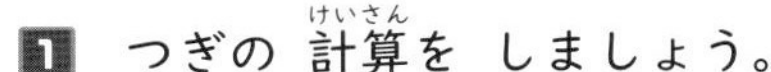
くり上がりのあるたし算の筆算

名前

1 つぎの 計算を しましょう。 ①8, ②〜⑦1つ7［50点］

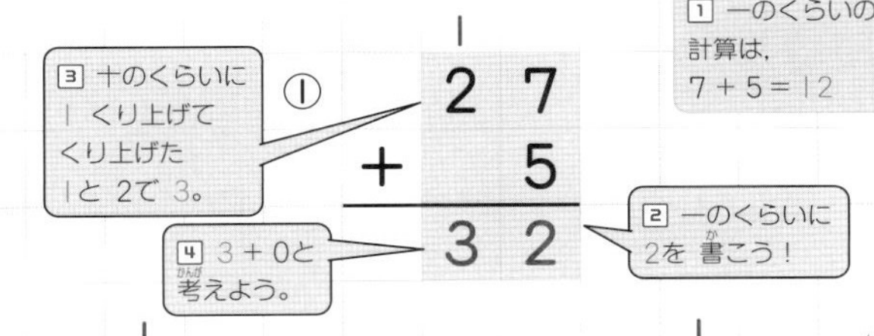
③ 十のくらいに
1 くり上げて
くり上げた
1と 2で 3。
④ 3＋0と
考えよう。

① 27 ＋ 5 ＝ 32

① 一のくらいの
計算は,
7＋5＝12

② 一のくらいに
2を 書こう！

② 78 ＋ 5 ＝ 83

③ 5 ＋ 49 ＝ 54

④ 63 ＋ 8 ＝ 71

⑤ 7 ＋ 87 ＝ 94

⑥ 39 ＋ 8 ＝ 47

⑦ 8 ＋ 52 ＝ 60

★2桁＋1桁 や 1桁＋2桁 のように桁数が異なる数のたし算の筆算は，まず，きちんと位を縦にそろえて書く練習をしましょう。

くらいを たてに
そろえて
書いて
一のくらいから
じゅんに
計算しよう。

4 たし算の ひっ算 ③

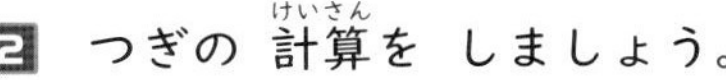

2 つぎの 計算を しましょう。 ①8, ②〜⑦1つ7［50点］

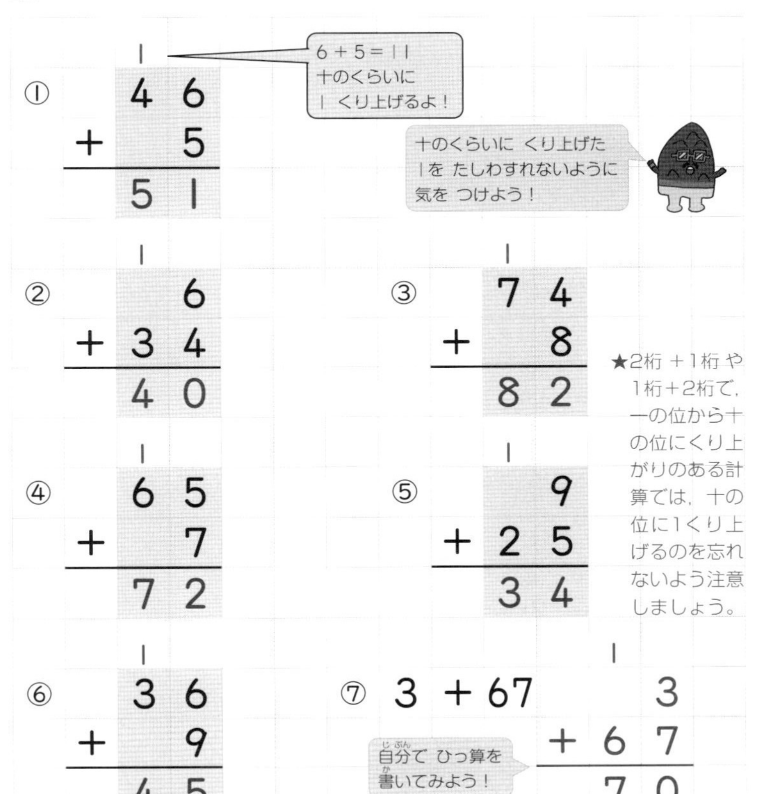
6＋5＝11
十のくらいに
1 くり上げるよ！
十のくらいに くり上げた
1を たしわすれないように
気を つけよう！

① 46 ＋ 5 ＝ 51

② 6 ＋ 34 ＝ 40

③ 74 ＋ 8 ＝ 82

④ 65 ＋ 7 ＝ 72

⑤ 9 ＋ 25 ＝ 34

⑥ 36 ＋ 9 ＝ 45

⑦ 3 ＋ 67 ＝ 70

自分で ひっ算を
書いてみよう！

★2桁＋1桁や1桁＋2桁で，一の位から十の位にくり上がりのある計算では，十の位に1くり上げるのを忘れないよう注意しましょう。

答え 59ページ　月　日　点

5 ひき算の ひっ算 ①

くり下がりのないひき算の筆算

名前

1 つぎの 計算を しましょう。

①10，②〜⑦1つ7［52点］

① 56 − 13 = 43

一のくらいの 計算は 6−3=3

十のくらいの 計算は 5−1=4

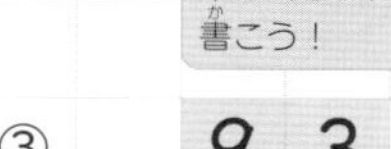

一のくらいに 3を
十のくらいに 4を
書こう！

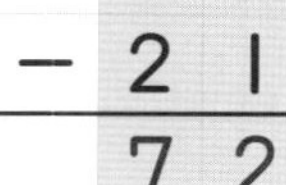

計算の答え

② 67 − 46 = 21

③ 93 − 21 = 72

④ 94 − 54 = 40

⑤ 78 − 42 = 36

⑥ 86 − 52 = 34

⑦ 53 − 33 = 20

★2桁−2桁の筆算の手順を学習します。同時に，1年生で学習した1桁−1桁の計算ができているか，確認しましょう。

5 ひき算の ひっ算 ①

2 つぎの 計算を しましょう。

①，②1つ10，③〜⑥1つ7［48点］

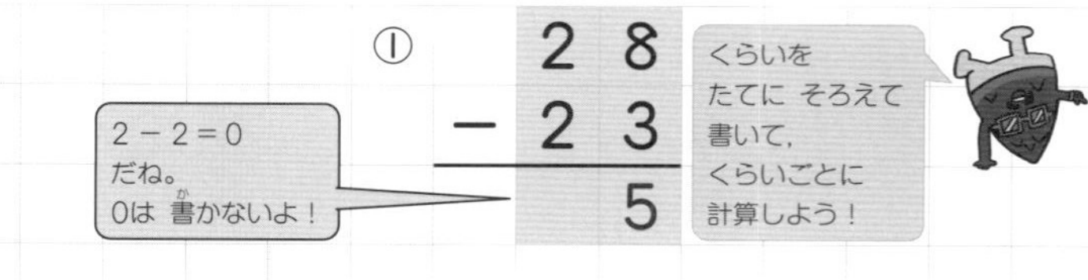

① 28 − 23 = 5
2−2=0
だね。
0は 書かないよ！
くらいを
たてに そろえて
書いて，
くらいごとに
計算しよう！

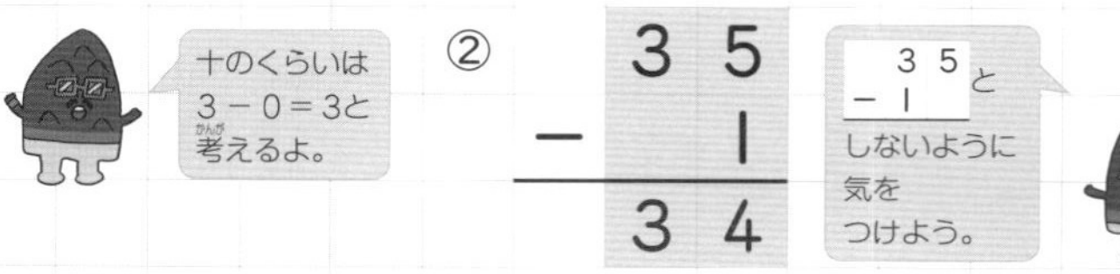

② 35 − 1 = 34
十のくらいは
3−0=3と
考えるよ。
35
−1
と
しないように
気を
つけよう。

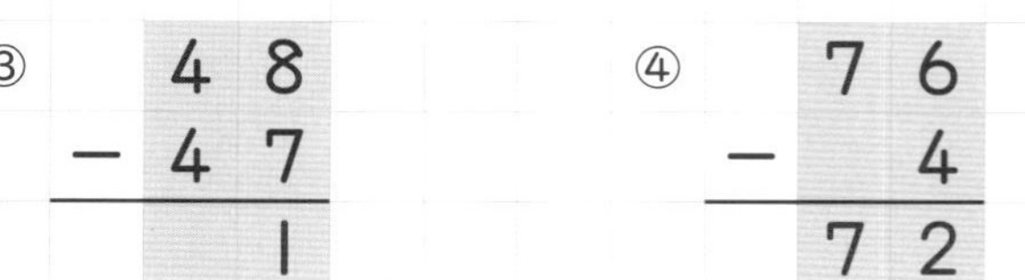

③ 48 − 47 = 1
④ 76 − 4 = 72

⑤ 56 − 50 = 6
⑥ 92 − 2
92 − 2 = 90
自分で ひっ算を
書いてみよう！

★⑥のように一の位が0になるときは0を書きますが，①，③，⑤のように十の位が0になるときは0を書きません。

答え 60ページ

月　日　点

6 ひき算の ひっ算 ②

くり下がりのあるひき算の筆算

名前

1 つぎの 計算(けいさん)を しましょう。 ①10，②〜⑥1つ8［50点］

① 43 − 15 = 28（十のくらいの 4 を 3 に）

3から 5は ひけないから，一のくらいの 計算は 十のくらいから 1 くり下げて 13−5=8
十のくらいの 計算は 3−1=2

② 60 − 24 = 36（十のくらいの 6 を 5 に）

②は，0から 4は ひけないから 十のくらいから 1 くり下げよう。十のくらいは 5に なるね。

★2桁−2桁の筆算で，十の位から一の位にくり下がりのある計算の学習をします。ひかれる数の十の位が1小さくなるのを忘れないよう注意しましょう。

③ 72 − 38 = 34（7 を 6 に）

④ 80 − 59 = 21（8 を 7 に）

⑤ 96 − 47 = 49（9 を 8 に）

⑥ 50 − 38 = 12（5 を 4 に）

6 ひき算の ひっ算 ②

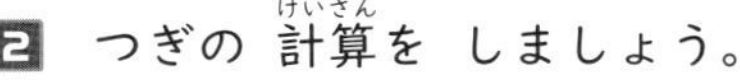

2 つぎの 計算(けいさん)を しましょう。 ①8，②〜⑦1つ7［50点］

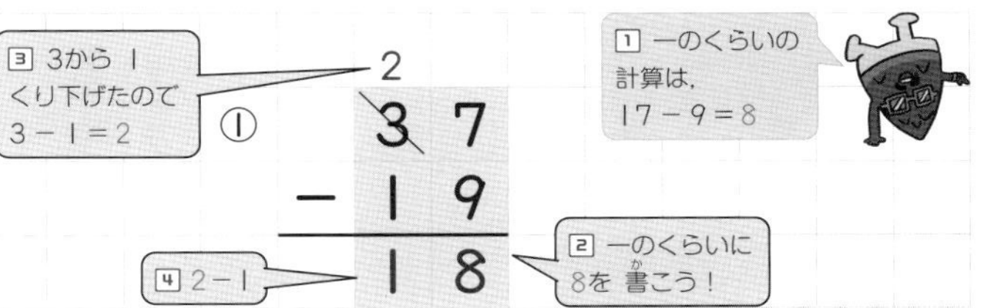

③ 3から 1 くり下げたので 3−1=2
① 一のくらいの 計算は，17−9=8
② 一のくらいに 8を 書こう！
④ 2−1

① 37 − 19 = 18（3 を 2 に）

② 63 − 18 = 45（6 を 5 に）

③ 60 − 46 = 14（6 を 5 に）

④ 91 − 62 = 29（9 を 8 に）

⑤ 40 − 27 = 13（4 を 3 に）

★くり下がりのあるひき算の筆算も，位を縦にそろえて書いて，一の位から順に計算しましょう。

⑥ 78 − 49 = 29（7 を 6 に）

⑦ 90 − 35

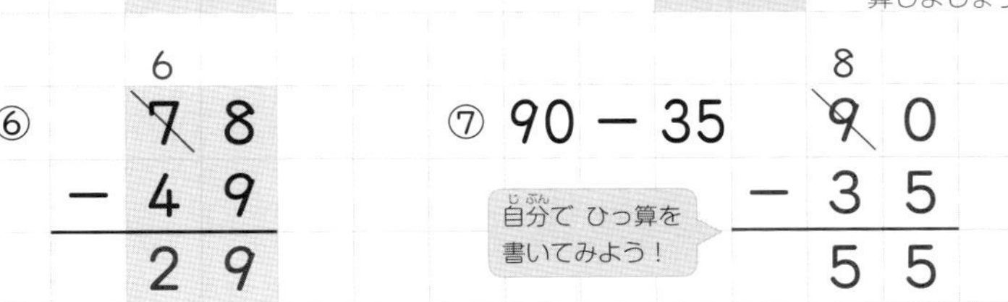

自分(じぶん)で ひっ算を 書いてみよう！

90 − 35 = 55（9 を 8 に）

答え 61ページ　　月　日　　点

7 ひき算の ひっ算 ③

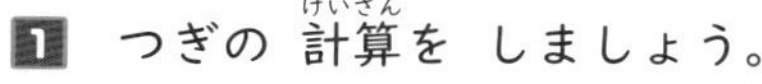

くり下がりのあるひき算の筆算

名前

1 つぎの 計算(けいさん)を しましょう。 ①8，②〜⑦1つ7［50点］

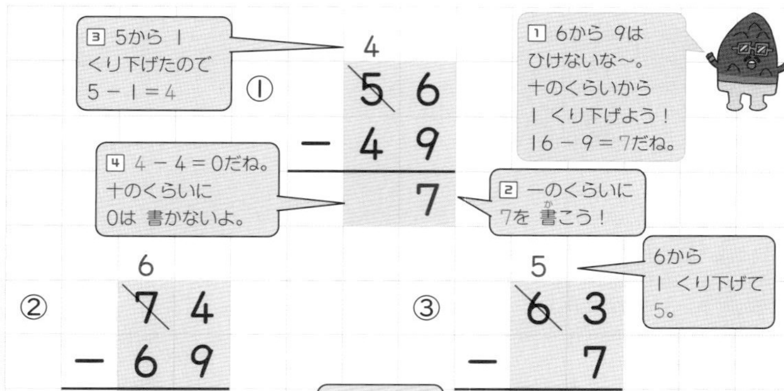

③ 5から 1 くり下げたので 5－1＝4
① 6から 9は ひけないな〜。十のくらいから 1 くり下げよう！ 16－9＝7だね。
④ 4－4＝0だね。十のくらいに 0は 書かないよ。
② 一のくらいに 7を 書こう！

① $56-49=7$

② $74-69=5$

③ $63-7=56$

6から 1 くり下げて 5。

5－0＝5 と 考えよう。

④ $82-76=6$

⑤ $47-8=39$

⑥ $71-64=7$

⑦ $95-7=88$

★これまでと同様に，きちんと位を縦にそろえて書いて，一の位から順に計算しましょう。

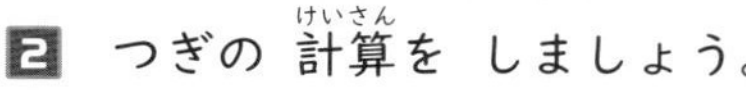

7 ひき算の ひっ算 ③

2 つぎの 計算(けいさん)を しましょう。 ①8，②〜⑦1つ7［50点］

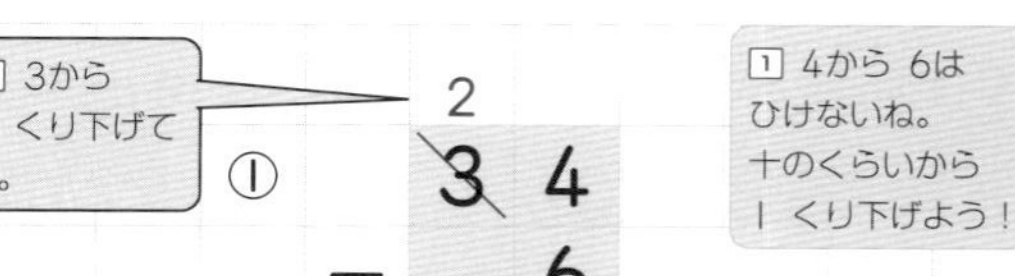

③ 3から 1 くり下げて 2。
① 4から 6は ひけないね。十のくらいから 1 くり下げよう！
④ 2－0と 考えよう。
② 14－6

① $34-6=28$

② $75-66=9$

③ $26-8=18$

④ $61-57=4$

⑤ $83-5=78$

⑥ $44-36=8$

⑦ $50-9$ → $50-9=41$

自分(じぶん)で ひっ算を 書(か)いてみよう！

★筆算は，きちんと位を縦にそろえて書くことが大切です。とくに，桁数が異なる2数の計算は間違えやすいので，ていねいに書く練習をしましょう。

答え 62ページ

月　日　　点

8 たし算や ひき算の きまり

たし算の性質，ひき算のたしかめ　　名前

1 マーブルチョコレートを，りんさんは 17こ，お姉さんは 24こ もって います。

①，②しき10，答え10，③10［50点］

① りんさんが，お姉さんに マーブルチョコレートを ぜんぶ あげました。お姉さんの マーブルチョコレートは 何こに なりますか。

しき（ 24 ＋ 17 ＝ 41 ）
たされる数　たす数　答え

たされる数は お姉さん，たす数は りんさんの 数だね。

答え（ 41こ ）

② お姉さんが，りんさんに マーブルチョコレートを ぜんぶ あげました。りんさんの マーブルチョコレートは 何こに なりますか。

しき（ 17 ＋ 24 ＝ 41 ）

こんどは りんさんの 数が たされる数だね。

答え（ 41こ ）

③ □に あてはまる ことばを 書きましょう。

たし算では，たされる数と たす数を 入れかえて 計算しても 答えは **同じ** に なります。

★「たされる数とたす数を入れかえても答えは同じになる」という，たし算のきまりについて学習します。実際に入れかえて計算して，確かめてみましょう。

8 たし算や ひき算の きまり

2 かじゅうグミが，はこの 中に 32こ あります。はこの 中から，ふくろの 中に 13こ うつしました。はこの 中には，かじゅうグミは 何こ のこって いますか。

①，②しき10，答え10，③10［50点］

① しきを 書いて 答えを もとめましょう。

しき（ 32 − 13 ＝ 19 ）
ひかれる数　ひく数　答え

ぜんぶの 数
のこりの 数　うつした 数

答え（ 19こ ）

② ふくろに うつした かじゅうグミを はこに もどします。はこの 中の かじゅうグミは，何こに なりますか。

しき（ 19 ＋ 13 ＝ 32 ）

②の 答えが，①の ひかれる数と 同じに なるね。

答え（ 32こ ）

③ □に あてはまる ことばを 書きましょう。

ひき算の 答えに ひく数を たすと，**ひかれる** 数に なります。

★「ひき算の答えにひく数をたすと，ひかれる数になる」というひき算のきまりを利用すると，ひき算の答えの確かめができます。

答え 63ページ　月　日　点

チョコっと ひとやすみ

かくされた 数の
なぞを とこう！

下の ひっ算を 見て，　と　で かくされて いる 数を もとめましょう。

もんだい

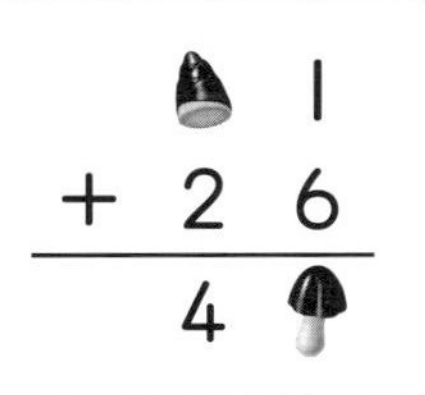
1
+ 2 6
4

かくされて いる
数は 何だろう？

一のくらいから
じゅんに
考えてみよう！

○考え方○

① 　の ところには 1 + 6 の 答えが 入ります。

　で かくされた 数は 7 です。

② 　の ところには 　+ 2 =4 と なる

数が 入ります。　で かくされた 数は 2 です。

このような 計算の どこかが かくされて いる もんだいを，**虫食い算**と いいます。

つぎの 虫食い算を ときましょう。

①
3
+ 1 4
6

で かくされた 数は 2 です。

で かくされた 数は 4 です。

②
6 9
− 1
3

で かくされた 数は 8 です。

で かくされた 数は 3 です。

ひき算も 同じように
とけるんだね。

くり上がりや くり下がりが
ある もんだいにも
ちょうせんしてみよう。

③
1
2 5
+ 7
6

で かくされた 数は 2 です。

で かくされた 数は 3 です。

④
7
8（斜線） 1
− 4
5

で かくされた 数は 7 です。

で かくされた 数は 2 です。

とけたら
すごい！

9 何十の 計算

何十のたし算・ひき算

名前

1 つぎの 計算(けいさん)を しましょう。 ①10, ②〜⑨1つ5 [50点]

① 40＋80 ＝ 120

10の まとまりで 考えよう。あわせると いくつかな？

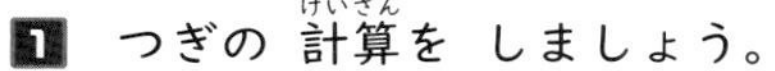

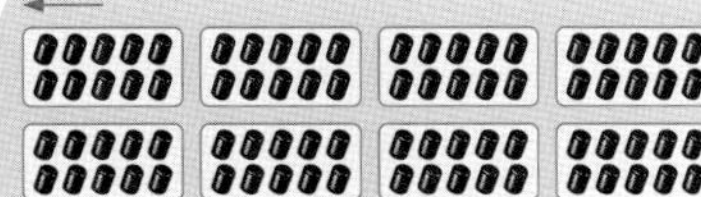

② 50＋90 ＝ 140　③ 70＋40 ＝ 110

④ 60＋60 ＝ 120　⑤ 80＋90 ＝ 170

⑥ 90＋20 ＝ 110　⑦ 70＋80 ＝ 150

⑧ 40＋90 ＝ 130　⑨ 70＋70 ＝ 140

★（何十）＋（何十）で，百のくらいにくり上がりのある計算の練習です。10のまとまりで考えて計算できるようになりましょう。

9 何十の 計算

2 つぎの 計算(けいさん)を しましょう。 ①10, ②〜⑨1つ5 [50点]

① 110－70 ＝ 40

10の まとまりで 考えよう。110は 10の まとまりが いくつ分かな？

② 120－60 ＝ 60　③ 160－90 ＝ 70

④ 110－30 ＝ 80　⑤ 140－70 ＝ 70

⑥ 150－70 ＝ 80　⑦ 170－80 ＝ 90

⑧ 130－80 ＝ 50　⑨ 180－90 ＝ 90

★（百何十）－（何十）で，十の位にくり下がりのある計算の練習です。前のページのたし算と同じように，10のまとまりで考えて計算できるようになりましょう。

答え 65ページ

月　日　点

10 何十，何百の 計算

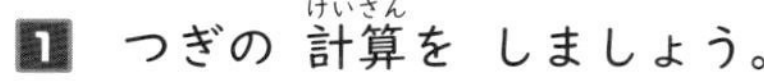

何十，何百のたし算・ひき算

名前

1 つぎの 計算(けいさん)を しましょう。

①8，②〜⑦1つ7［50点］

① 200＋500 ＝ 700

100の まとまりで 考(かんが)えよう。あわせると いくつかな？

② 300＋60 ＝ 360

100 100 100	10 10 10 10 10 10	
3	6	0
百の くらい	十の くらい	一の くらい

③ 600＋9 ＝ 609

100 100 100 100 100 100		1 1 1 1 1 1 1 1 1
6	0	9
百の くらい	十の くらい	一の くらい

④ 600＋300 ＝ 900　⑤ 800＋80 ＝ 880

⑥ 500＋1 ＝ 501　⑦ 600＋100 ＝ 700

10 何十，何百の 計算

2 つぎの 計算(けいさん)を しましょう。

①10，②〜⑨1つ5［50点］

① 600－400 ＝ 200

100の まとまりで 考(かんが)えよう。

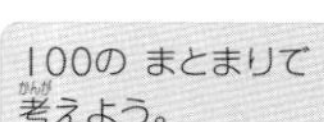

② 350－50 ＝ 300　③ 408－8 ＝ 400

④ 500－100 ＝ 400　⑤ 740－40 ＝ 700

⑥ 703－3 ＝ 700　⑦ 900－800 ＝ 100

⑧ 410－10 ＝ 400　⑨ 207－7 ＝ 200

★100や10のまとまりで考えます。大きな数のしくみを理解し，答えを求めましょう。

答え 66ページ

月　日　点

11 計算の くふう

たし算では，たす順序を変えても答えが同じになることの確認

名前

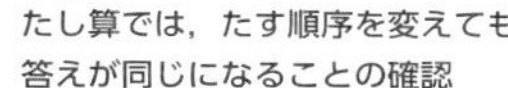

1 プッカが，さらに 8こ ありました。はこに のこって いた 14こと，友だちから もらった 6こも さらに のせました。プッカは，ぜんぶで 何こ さらに のって いますか。①15，②しき1つ5，答え1つ5，③15［50点］

① 1つの しきに 書きましょう。

しき 8 ＋ 14 ＋ 6

3つの 数の
たし算だね。

② 計算の しかたを 考えましょう。

㋐はじめに さらに のって いた 数と，はこに のこって いた 数を 先に 計算する。	㋑はこに のこって いた 数と，友だちから もらった 数を 先に 計算する。
しき 8 ＋ 14 ＝ 22 22 ＋ 6 ＝ 28	しき 14 ＋ 6 ＝ 20 8 ＋ 20 ＝ 28
答え（28こ）	答え（28こ）

③ □に あてはまる ことばを 書きましょう。

たし算では，たす じゅんじょを かえて 計算しても 答えは 同じ に なります。

★「たす順序を変えても答えは同じになる」というたし算のきまりについて学習します。実際に順序を変えて計算して，確かめてみましょう。

11 計算の くふう

2 8＋14＋6を つぎの しかたで 計算しましょう。1つ9［18点］

① (8＋14)＋6
22 ＋ 6 ＝ 28

② 8＋(14＋6)
8 ＋ 20 ＝ 28

答えは 同じだけど，②の方が
計算が かんたんだね！

3 くふうして 計算しましょう。1つ8［32点］

① 7＋28＋2 ＝ 37
7＋28＋2＝7＋(28＋2)　30
7＋30＝37

② 5＋67＋3 ＝ 75
5＋67＋3＝5＋(67＋3)　70
5＋70＝75

③ 9＋18＋1 ＝ 28
9＋1＋18＝(9＋1)＋18　10
10＋18＝28

④ 15＋29＋5 ＝ 49
15＋5＋29＝(15＋5)＋29　20
20＋29＝49

★たす順序を変えたり，（　）を使ったりすると，計算が簡単になることがあります。数をよく見て，たすと何十の数になる2数を見つけましょう。

答え 67ページ

月　日　点

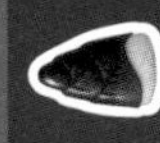

12 たし算の ひっ算 ④

十の位にくり上がりがあり，
和が100以上になるたし算の筆算

名前

1 つぎの 計算を しましょう。

①8，②〜⑦1つ7［50点］

一のくらいの 計算は 6＋2＝8

十のくらいの 計算は 5＋7＝12

① 56＋72＝128

百のくらい

百のくらいに 1 くり上げるよ。
ひっ算の 答えは，
一のくらいに 8を，十のくらいに 2を，
百のくらいに 1を 書こう！

② 84＋63＝147

③ 73＋66＝139

④ 51＋94＝145

⑤ 87＋82＝169

⑥ 93＋75＝168

⑦ 62＋95＝157

★2桁＋2桁の筆算で，一の位はくり上がりがなく，十の位から百の位へのくり上がりがある計算の練習です。答えの百の位に1を書き忘れないように注意しましょう。

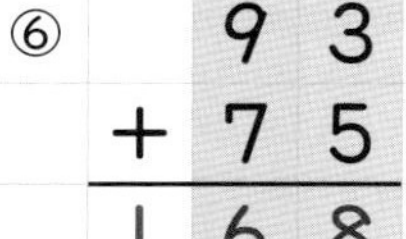

くらいを たてに
そろえて 書いて，
一のくらいから
じゅんに
計算しよう。

12 たし算の ひっ算 ④

2 つぎの 計算を しましょう。

①8，②〜⑦1つ7［50点］

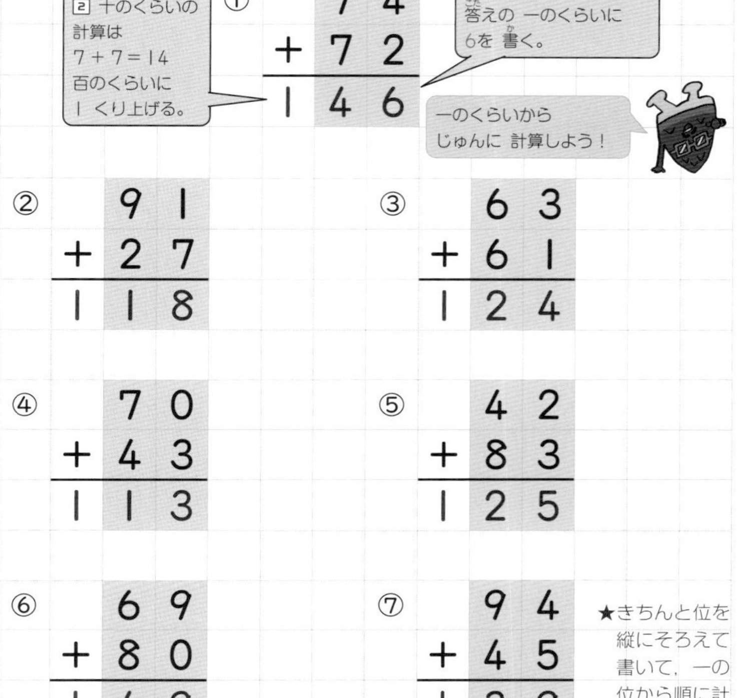

1 一のくらいの 計算は
4＋2＝6
答えの 一のくらいに
6を 書く。
2 十のくらいの
計算は
7＋7＝14
百のくらいに
1 くり上げる。
① 74＋72＝146
一のくらいから
じゅんに 計算しよう！
② 91＋27＝118
③ 63＋61＝124
④ 70＋43＝113
⑤ 42＋83＝125
⑥ 69＋80＝149
⑦ 94＋45＝139

★きちんと位を縦にそろえて書いて，一の位から順に計算しましょう。

答え 68ページ

月　日　点

13 たし算の ひっ算 ⑤

一の位と十の位にくり上がりがあり，和が100以上になるたし算の筆算

名前

1 つぎの 計算を しましょう。 ①8，②～⑦1つ7［50点］

① 36＋87＝123

一のくらいの 計算は 6＋7＝13

十のくらいに 1 くり上げるよ。→くり上げた 1と 3で 4だね。

十のくらいの 計算は 4＋8＝12

百のくらいに 1 くり上げる。

② 75＋66＝141

③ 89＋47＝136

④ 64＋58＝122

⑤ 26＋98＝124

⑥ 97＋34＝131

⑦ 78＋83＝161

★2桁＋2桁の筆算で，一の位から十の位，十の位から百の位と2回くり上がりのある計算です。次の位に1くり上げるのを忘れないよう注意しましょう。

くり上がりが 2回 あるよ！ 気を つけて 計算しよう。

13 たし算の ひっ算 ⑤

2 つぎの 計算を しましょう。 ①8，②～⑦1つ7［50点］

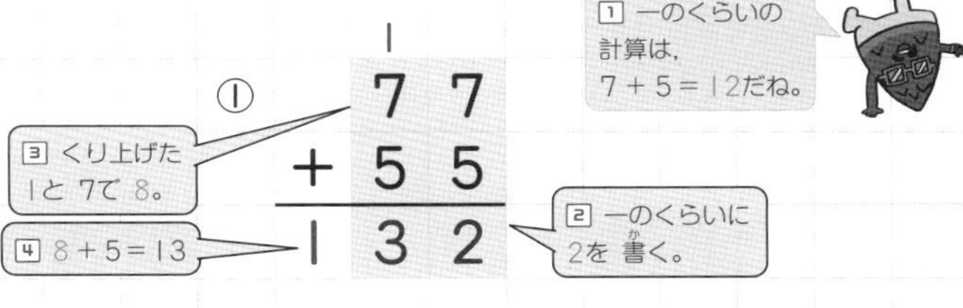

① 77＋55＝132

1 一のくらいの 計算は，7＋5＝12だね。

2 一のくらいに 2を 書く。

3 くり上げた 1と 7で 8。

4 8＋5＝13

② 59＋95＝154

③ 86＋69＝155

④ 99＋78＝177

⑤ 87＋58＝145

⑥ 89＋79＝168

⑦ 48＋65＝113

★それぞれの位の計算の答えが10以上になるときは，次の位に1くり上げます。間違えずに計算できるようになるまで，くり返し練習しましょう。

答え 69ページ

月　日　　点

14 たし算の ひっ算 ⑥

0を含む，たし算の筆算

名前

1 つぎの 計算(けいさん)を しましょう。

①10，②〜⑥1つ8［50点］

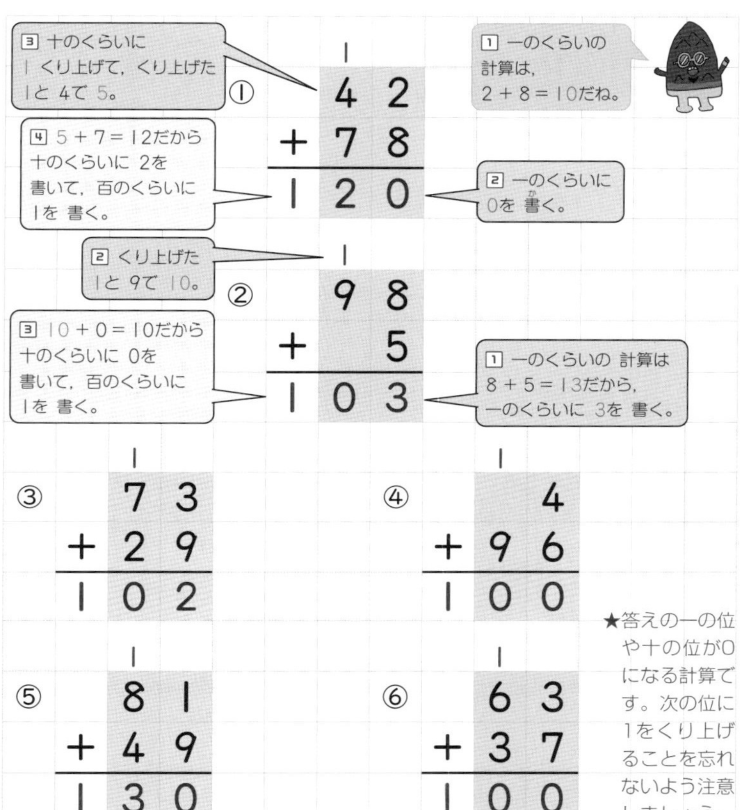

① 42＋78＝120
3 十のくらいに 1 くり上げて，くり上げた 1と 4で 5。
1 一のくらいの 計算は，2＋8＝10だね。
4 5＋7＝12だから 十のくらいに 2を 書いて，百のくらいに 1を 書く。
2 一のくらいに 0を 書く。
② 98＋5＝103
2 くり上げた 1と 9で 10。
3 10＋0＝10だから 十のくらいに 0を 書いて，百のくらいに 1を 書く。
1 一のくらいの 計算は 8＋5＝13だから，一のくらいに 3を 書く。
③ 73＋29＝102
④ 4＋96＝100
⑤ 81＋49＝130
⑥ 63＋37＝100

★答えの一の位や十の位が0になる計算です。次の位に1をくり上げることを忘れないよう注意しましょう。

14 たし算の ひっ算 ⑥

2 つぎの 計算(けいさん)を しましょう。

①8，②〜⑦1つ7［50点］

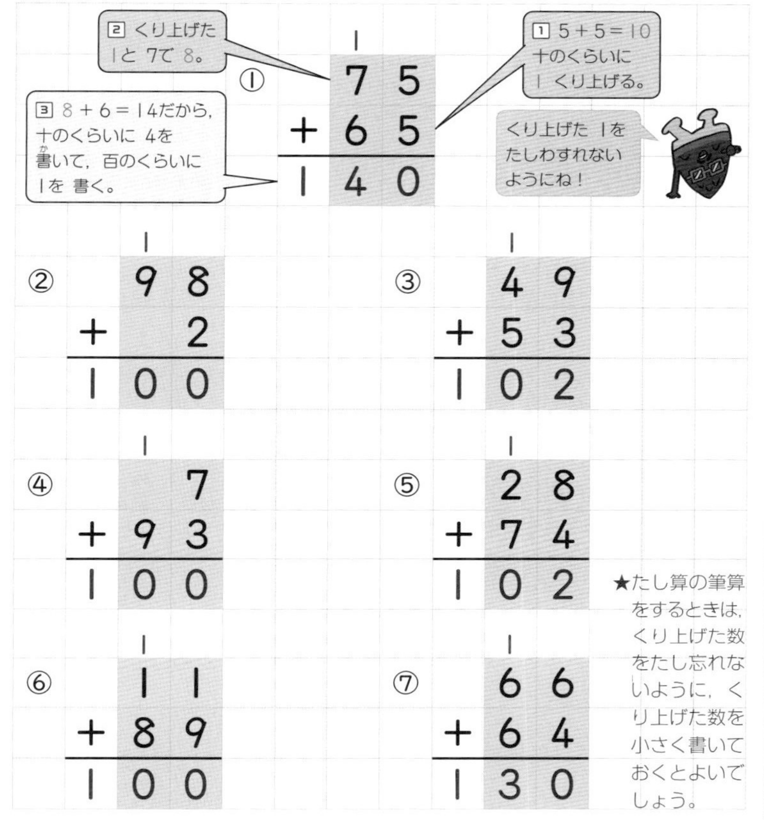

① 75＋65＝140
2 くり上げた 1と 7で 8。
1 5＋5＝10 十のくらいに 1 くり上げる。
3 8＋6＝14だから，十のくらいに 4を 書いて，百のくらいに 1を 書く。
くり上げた 1を たしわすれないようにね！
② 98＋2＝100
③ 49＋53＝102
④ 7＋93＝100
⑤ 28＋74＝102
⑥ 11＋89＝100
⑦ 66＋64＝130
★たし算の筆算をするときは，くり上げた数をたし忘れないように，くり上げた数を小さく書いておくとよいでしょう。

答え 70ページ

月　日　点

15 ひき算の ひっ算 ④

百の位からくり下がる
ひき算の筆算

名前

1 つぎの 計算を しましょう。 ①8, ②～⑦1つ7 [50点]

百のくらい 十のくらい 一のくらい

① 138 − 42 = 96

一のくらいの 計算は

8−2=6

十のくらいの 計算は

13−4=9

3から 4は ひけないので，百のくらいから 1 くり下げよう！

② 126 − 45 = 81

③ 148 − 73 = 75

④ 113 − 81 = 32

⑤ 179 − 92 = 87

⑥ 157 − 84 = 73

⑦ 126 − 62 = 64

★3桁−2桁=2桁の筆算で，百の位から十の位にくり下がる計算の練習です。答えを求めたら，確かめをしてみましょう。

15 ひき算の ひっ算 ④

2 つぎの 計算を しましょう。 ①8, ②～⑦1つ7 [50点]

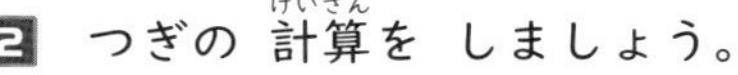

一のくらいから じゅんに 計算しよう！

① 165 − 82 = 83

1 一のくらいの 計算は 5−2=3

2 十のくらいの 計算は 6から 8は ひけないので，百のくらいから 1 くり下げるよ！

② 145 − 53 = 92

③ 139 − 78 = 61

④ 114 − 91 = 23

⑤ 164 − 94 = 70

⑥ 128 − 75 = 53

⑦ 183 − 92 = 91

答え 71ページ

月 日 点

16 ひき算の ひっ算 ⑤

百の位，十の位からくり下がる
ひき算の筆算

名前

1 つぎの 計算(けいさん)を しましょう。　①8，②～⑦1つ7［50点］

① 1 5 2 − 8 4 = 6 8（十のくらいの 5 を 4 に）

一のくらいの 計算は
十のくらいから 1 くり下げる ＞ 12－4＝8

十のくらいの 計算は
百のくらいから 1 くり下げる ＞ 14－8＝6

② 1 4 3 − 8 5 = 5 8（3）

③ 1 2 4 − 5 7 = 6 7（1）

④ 1 3 1 − 8 7 = 4 4（2）

⑤ 1 7 4 − 9 8 = 7 6（6）

⑥ 1 6 8 − 7 9 = 8 9（5）

⑦ 1 4 2 − 5 6 = 8 6（3）

くり下がりが 2回(かい) あるから 気を つけよう！

★3桁－2桁＝2桁の筆算で，百の位から十の位，十の位から一の位と2回くり下がりのある計算です。一の位から順に，落ち着いて計算しましょう。

16 ひき算の ひっ算 ⑤

2 つぎの 計算(けいさん)を しましょう。　①8，②～⑦1つ7［50点］

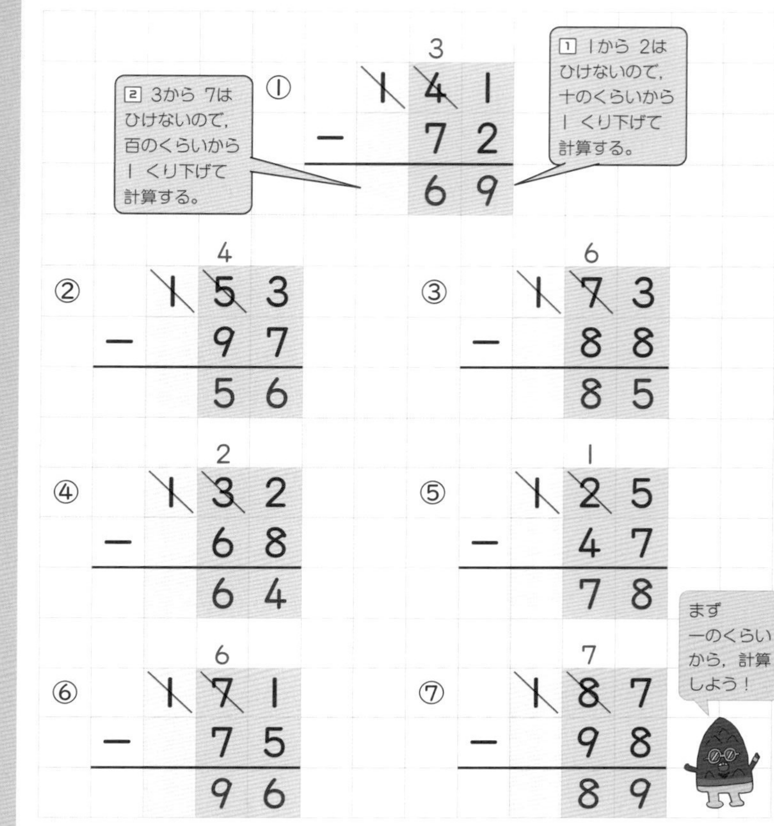

① 1 4 1 − 7 2 = 6 9（3）
② 3から 7は ひけないので，百のくらいから 1 くり下げて 計算する。
① 1から 2は ひけないので，十のくらいから 1 くり下げて 計算する。
② 1 5 3 − 9 7 = 5 6（4）
③ 1 7 3 − 8 8 = 8 5（6）
④ 1 3 2 − 6 8 = 6 4（2）
⑤ 1 2 5 − 4 7 = 7 8（1）
⑥ 1 7 1 − 7 5 = 9 6（6）
⑦ 1 8 7 − 9 8 = 8 9（7）
まず 一のくらいから，計算 しよう！

答え 72ページ

月　日　　点

17 ひき算の ひっ算 ⑥

0を含む，ひき算の筆算

名前

1 つぎの 計算(けいさん)を しましょう。 ①8，②～⑦1つ7［50点］

① 1̸3̸0 − 32 ＝ 98（2）

一のくらいの 計算は
十のくらいから 1 くり下げる。 10－2＝8
十のくらいの 計算は
百のくらいから 1 くり下げる。 12－3＝9

② 1̸54 − 60 ＝ 94

③ 1̸07 − 36 ＝ 71

④ 1̸83 − 90 ＝ 93

⑤ 1̸7̸0 − 78 ＝ 92（6）

⑥ 1̸4̸0 − 59 ＝ 81（3）

⑦ 1̸05 − 43 ＝ 62

くり下がりに 気を つけよう！

★3桁－2桁＝2桁の筆算で，ひかれる数やひく数に0を含む計算です。くり下がりに気をつけて，一の位から順に計算しましょう。

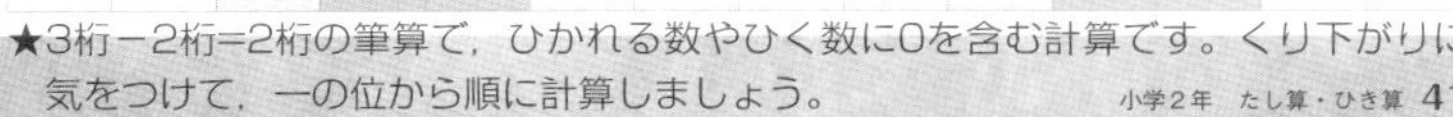

17 ひき算の ひっ算 ⑥

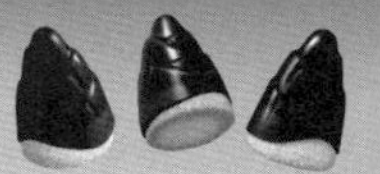

2 つぎの 計算(けいさん)を しましょう。 ①8，②～⑦1つ7［50点］

① 1̸06 − 54 ＝ 52

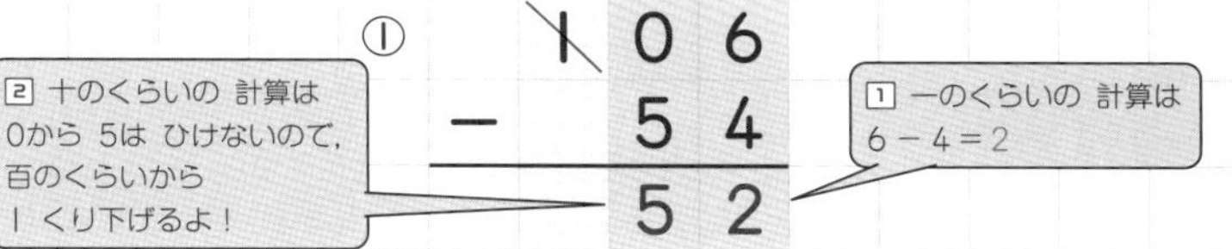

2 十のくらいの 計算は 0から 5は ひけないので，百のくらいから 1 くり下げるよ！
1 一のくらいの 計算は 6－4＝2

② 1̸74 − 80 ＝ 94

③ 1̸5̸0 − 97 ＝ 53（4）

④ 1̸03 − 21 ＝ 82

⑤ 1̸2̸0 − 98 ＝ 22（1）

⑥ 1̸27 − 30 ＝ 97

⑦ 1̸08 − 66 ＝ 42

0が あっても，計算のしかたは これまでと 同(おな)じだよ。

★ひかれる数やひく数に0が含まれていると，ケアレスミスが増えることがあるので，落ち着いて計算しましょう。

答え 73ページ

月 日　点

18 ひき算の ひっ算 ⑦

ひかれる数の十の位が0の
ひき算の筆算

名前

1 つぎの 計算を しましょう。

1つ10［50点］

① 106 − 27 = 79

一のくらいの 計算は

① 十のくらいから くり下げられないので，百のくらいから十のくらいに 1 くり下げる。
② 十のくらいから 一のくらいに 1 くり下げる。

16 − 7 = 9

十のくらいの 計算は

③ 一のくらいに 1 くり下げたので，10 − 1 = 9

9 − 2 = 7

② 104 − 8 = 96（9 − 0，14 − 8）

③ 107 − 49 = 58

④ 105 − 6 = 99

⑤ 101 − 34 = 67

くり下がりが 2回 あるから 気を つけよう！

★一の位の計算をするときに，百の位からのくり下げをするため，計算間違いのないよう注意が必要です。

18 ひき算の ひっ算 ⑦

2 つぎの 計算を しましょう。

1つ10［50点］

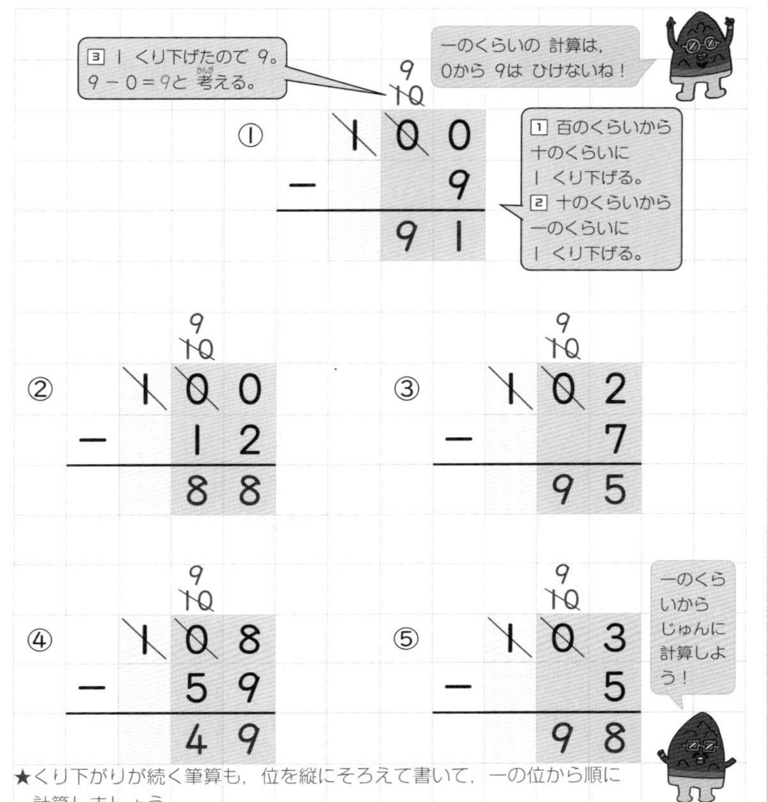

③ 1 くり下げたので 9。
9 − 0 = 9と 考える。

一のくらいの 計算は，
0から 9は ひけないね！

① 100 − 9 = 91

① 百のくらいから 十のくらいに 1 くり下げる。
② 十のくらいから 一のくらいに 1 くり下げる。

② 100 − 12 = 88

③ 102 − 7 = 95

④ 108 − 59 = 49

⑤ 103 − 5 = 98

一のくらいから じゅんに 計算しよう！

★くり下がりが続く筆算も，位を縦にそろえて書いて，一の位から順に計算しましょう。

答え 74ページ

月　日　点

19 大きい 数の ひっ算 ①

200より大きい数を含む
たし算の筆算

名前

1 つぎの 計算(けいさん)を しましょう。　①8, ②〜⑦1つ7［50点(てん)］

①
```
    1
  2 5 6
+   3 8
-------
  2 9 4
```
一のくらいの 計算は 6＋8＝14
十のくらいの 計算は 6＋3＝9
百のくらいの 計算は 2＋0＝2

②
```
    5 1
+ 3 2 4
-------
  3 7 5
```

③
```
    1
  4 7 8
+     9
-------
  4 8 7
```

数(かず)が 大きく なっても ひっ算の しかたは かわらないよ！

④
```
    1
  5 1 7
+   3 4
-------
  5 5 1
```

⑤
```
    1
      6
+ 6 8 9
-------
  6 9 5
```

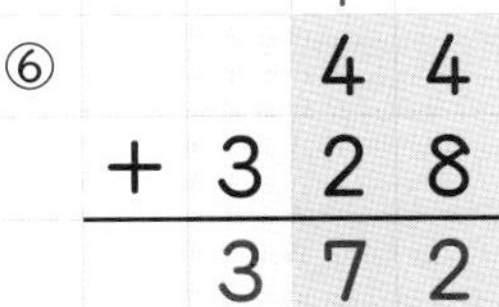

⑥
```
    1
    4 4
+ 3 2 8
-------
  3 7 2
```

⑦
```
    1
  7 4 5
+     7
-------
  7 5 2
```

★200より大きい3桁の数を含むたし算の筆算です。数が大きくなっても，位を縦にそろえて書いて，一の位から順に計算します。

19 大きい 数の ひっ算 ①

2 つぎの 計算(けいさん)を しましょう。　①8, ②〜⑦1つ7［50点(てん)］

くり上がりの しかたも 今(いま)までと 同(おな)じだね。

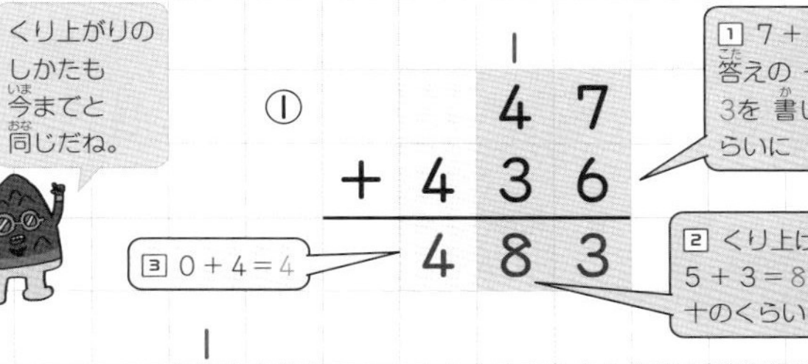

①
1
4 7
＋ 4 3 6
4 8 3
1 7＋6＝13 答(こた)えの 一のくらいに 3を 書(か)いて，十のくらいに 1を 書く。
2 くり上げた 1と 4で 5。5＋3＝8 十のくらいに 8を 書く。
3 0＋4＝4

②
```
    1
  7 2 8
+     6
-------
  7 3 4
```

③
```
    2 1
+ 2 7 8
-------
  2 9 9
```

④
```
    1
  3 5 5
+   1 8
-------
  3 7 3
```

⑤
```
    1
      3
+ 5 1 9
-------
  5 2 2
```

⑥
```
    1
    3 6
+ 6 1 5
-------
  6 5 1
```

⑦
```
    1
  8 4 3
+   3 9
-------
  8 8 2
```

答え 75ページ

月　日　点

20 大きい 数の ひっ算 ②

200より大きい数を含む
ひき算の筆算

名前

1 つぎの 計算を しましょう。 ①8、②〜⑦1つ7［50点］

①	4	5	3
−		4	1
	4	1	2

くらいを たてに そろえて 書いて，
一のくらいから じゅんに 計算します。
一のくらいの 計算は 3−1＝2
十のくらいの 計算は 5−4＝1
百のくらいの 計算は 4−0＝4

数が 大きく なっても
計算の しかたは
これまでと 同じだね！

② 648 − 24 = 624

③ 823 − 14 = 809（十のくらい 2→1）

3から 4は
ひけないので，十のく
らいから
1 くり下
げるよ。

④ 295 − 7 = 288（十のくらい 9→8）

⑤ 684 − 26 = 658（十のくらい 8→7）

⑥ 551 − 33 = 518（十のくらい 5→4）

⑦ 732 − 3 = 729（十のくらい 3→2）

★ひかれる数が，200より大きい3桁の数の筆算です。数が大きくなっても，位を縦にそろえて書いて，一の位から順に計算します。

20 大きい 数の ひっ算 ②

2 つぎの 計算を しましょう。 ①8、②〜⑦1つ7［50点］

①	3	5	4
−		1	7
	3	3	7

① 4から 7は ひけないので，十のくらいから 1 くり下げて 14−7＝7

② 十のくらいは 1 くり下げたので 4。4−1＝3

③ 3−0＝3

② 463 − 25 = 438（十のくらい 6→5）

③ 924 − 14 = 910

④ 695 − 38 = 657（十のくらい 9→8）

⑤ 748 − 9 = 739（十のくらい 4→3）

⑥ 571 − 4 = 567（十のくらい 7→6）

⑦ 382 − 16 = 366（十のくらい 8→7）

一のくらい，
十のくらい，
百のくらいの
じゅんに，
計算しよう！

答え 76ページ

月　日　　点

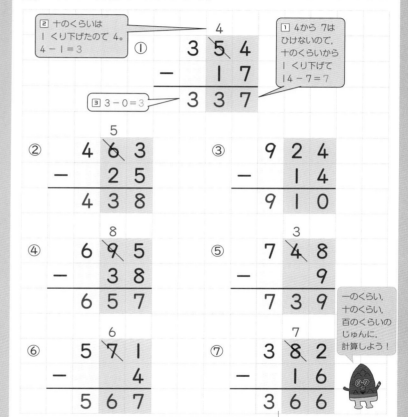

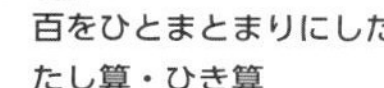

21 4けたの 数の 計算

百をひとまとまりにした
たし算・ひき算

名前

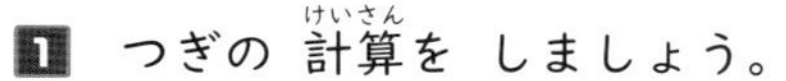

1 つぎの 計算を しましょう。 ①8, ②〜⑦1つ7 [50点]

① 600＋500 ＝ 1100

100の まとまりで
考えよう。
100を 10こ
あつめた 数は
1000だよ！

② 300＋900 ＝ 1200

③ 600＋800 ＝ 1400

④ 700＋400 ＝ 1100

⑤ 500＋800 ＝ 1300

⑥ 800＋900 ＝ 1700

⑦ 900＋900 ＝ 1800

★(何百)＋(何百)で，千の位へのくり上がりがある計算の練習です。大きな数のしくみをきちんと理解しておくことが大切です。

21 4けたの 数の 計算

2 つぎの 計算を しましょう。 ①8, ②〜⑦1つ7 [50点]

① 1000－600 ＝ 400

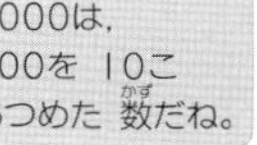
1000は，
100を 10こ
あつめた 数だね。

② 800－500 ＝ 300

③ 1000－900 ＝ 100

④ 900－100 ＝ 800

⑤ 700－400 ＝ 300

⑥ 1000－500 ＝ 500

⑦ 1000－400 ＝ 600

★(何百)－(何百) や (千)－(何百) の計算の練習です。100のまとまりで考えて，答えを求められるようになりましょう。

答え 77ページ

月 日

点

22 2年生の まとめ

2年生のたし算・ひき算のまとめ

名前

1 つぎの 計算を しましょう。 ①〜④1つ5, ⑤〜⑨1つ6 [50点]

① 52＋29＝81

② 47＋8＝55

③ 67＋82＝149

④ 95＋87＝182

⑤ 97＋7＝104

⑥ 349＋25＝374

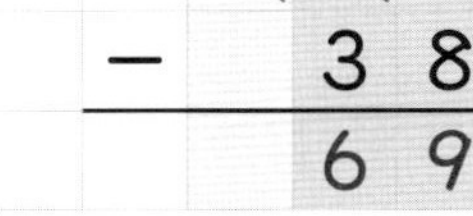
くり上がりに
気を つけよう！

⑦ 30＋80＝110 ⑧ 200＋60＝260

⑨ 800＋800＝1600

★2年生のたし算では，1〜3桁の数のたし算の筆算の学習をしました。数が大きくなっても，位を縦にそろえて書いて，一の位から順に計算するという筆算のしかたは変わりません。

22 2年生の まとめ

2 つぎの 計算を しましょう。 ①〜④1つ5, ⑤〜⑨1つ6 [50点]

① 64－18＝46

② 21－5＝16

③ 167－83＝84

④ 123－49＝74

⑤ 107－38＝69

⑥ 671－53＝618

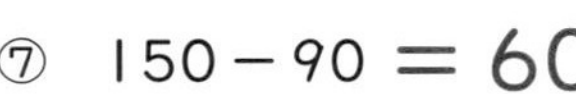
一のくらいから
じゅんに計算しよう！

⑦ 150－90＝60 ⑧ 600－200＝400

⑨ 1000－300＝700

★2年生のひき算では，ひかれる数が2桁や3桁の数のひき算の筆算の学習をしました。くり下がりに注意して，いろいろな計算の練習をしましょう。

答え 78ページ

月 日 点

チョコっと ひとやすみ

★こうさく★
おやつトレイを
作ってみよう！

おやつトレイ　12ページに ある 作り方を 見ながら，下の 紙を つかって おやつトレイを 作ってみよう！

MARBLE WANCHAN
HOP BLUE

はさみを つかう 時は，けがに 気を つけよう！